BLACK SWAN 黑天鹅图书

为 人 生 提 供 领 跑 世 界 的 力 量

BLACK SWAN

每天最重要的3件事

张永锡 李瑞文◎著 卢慈伟 绘图

Three of The Most Important Things Everyday

文化发展出版社
Cultural Development Press

林子里有两条路，我选择了行人稀少的那一条，它改变了我的一生。

——罗伯特·弗罗斯特（Robert Frost）

《未选择的路》

目录

前言 1

导读 2

第一部分 先吃掉那只青蛙

第一章
FAST 四部曲：成为高效之人 11

第二章
F 吃青蛙：要事为先的三个关键 19

第三章
A 行动清单 31

第四章
S 拆解青蛙：思维导图与九宫格 49

第五章
T 训练自己的时间感知能力 61

第六章
设一个好闹钟 71

第七章
总结 83

第二部分
清空收件夹

第八章
清空收件夹：将杂事加工成行动 93

第九章
收集杂事的力量，让工作品质提升段位 101

第十章
玩转收件夹 111

第十一章
加工杂事语法公式：从杂事到行动的高速铁路 123

第十二章
时间管理帝王表：发现从杂事到行动的缺口 131

第十三章
“捅人利器”：让系统运转起来 145

第十四章
将行动清单导入团队：团队级时间管理 163

第十五章
总结：在世事变动中心静如水 171

第三部分
每日重开机

第十六章
每日重开机：通过检视更新自我 181

第十七章
STAR 神盾：让人生没有破绽 191

第十八章
参考资料库：决定工作品质的关键 203

第十九章
晨间日记：为检视自己而写 211

第二十章
每周检视：提升时间管理高度 223

第二十一章
总结：穿越生命幽谷 231

后记：成为“半人马” 237

前言

从个人开始研究时间管理到成为时间管理培训师，我花了八年的时间。

从开设“幸福行动家”公开班课程和建立社群，到进入企业做时间管理培训，我又花了八年的时间。

我的愿景是影响100万人成为追求幸福的行动家，所以我以写书的方式来实现，写出书，让100万人读到就可以。

这本书写给此刻需要它的人，我想你可能是这样的读者。

导读

只讲解决方案

你可能会说希望有自己的事业、家庭，想要实现梦想，想要有行动力、正能量，迎着太阳奔跑。可是你跑着跑着忽然发现，梦想很丰满，但现实很骨感。你的痛苦总结起来就三个字：忙、盲、茫。

忙

你总觉得年轻的时候忙碌一点儿，年纪大了就不忙了；能者多劳，过了这个阶段就好了，以后就不忙了。但真的是这样吗？事实证明，生活往往只会越来越忙。

盲

你常说目标导向，使命必达，不管这个目标是学习上、职场上，还是生活上的。有时候还特意加快脚步，披星戴月地冲刺。

等你终于实现了目标，却发现生命没有任何实质性的变化。犹如在地图上移动，但没有 GPS，已经回到了原点，你却浑然不知，此时就会很沮丧。

茫

你想要和一群人一起战斗、一起赢，但是每次只有自己在学习、自己在加班、自己在担当；你希望有一群人组成社群，相伴追寻成功和幸福，但是每次只能单枪匹马、单打独斗……

你的问题，我都知道。所以这本书不讲问题，只讲解决方案。

怎样阅读本书

本书推荐两种读法。如果你觉得自己没有太多时间管理方面的基础，并且是个一板一眼的学生，可以采取第一种读法；如果你已经有一定的时间管理习惯，甚至有自己的系统，可以采取第二种读法。

第一种读法

按照本书的顺序阅读，每天早上读一篇，遵循课后练习进行巩固。这样练习 21 天，你的时间管理习惯就会有所改变。

第二种读法

先翻到本书 144 页，按照指引填写《时间管理帝王表》空白表格。

这张表格的目的是让你重新检视自己的工作系统，找出原有系统的不足，并且通过表格构思改进方法。

我建议你在阅读此书之前填写一遍表格，存档记录；在做完 21 天练习后，再填写一次。通过对比，你会更清晰地看到自己的成长。

本书的栏目设置

时间管理是“知行合一”的过程，因此本书除了永锡的讲解，还穿插了“本章练习”“Just do it”“延伸阅读”等环节。

“本章练习”是针对正文所述内容的练习方法，促进大家学而时习之。要真正提高自己的时间管理能力，阅读本书占20%，亲身练习则占80%。

“Just do it”是幸福行动家们在实践相关内容时的真实案例和经验。我所讲授和所写的，也只是我的个人经验，大家在我的基础上于实践过程中完善自己的体系，这正是幸福行动家独有的魅力。

“延伸阅读”是和正文内容相关，可以拓展阅读的书籍。我是一个热爱阅读的人，但不爱教科书，近几年在时间管理这个议题上，几乎读遍了这个领域的中文书籍，甚至包括很多英文、日文书籍。心智成长于我，很大程度上是基于阅读的，因此我也要把这些源头的宝贵资料推荐给你。

一起养成每天最重要的三个习惯

本书分为三个部分，对应了三个习惯。

第一个习惯是“先吃掉那只青蛙”，第二个习惯是“清空收件夹”，第三个习惯是“每日重开机”。三个习惯共同构成最小化的时间管理系统，这是一个所有人都能上手的系统。

有一位学员分享了他学习这套系统后的心得：

“永锡老师的时间管理，不像一般坊间那样谈些奇思妙想的成功哲理，也不只是介绍时间管理的技巧，说些拼拼凑凑的经验而已。永锡老师是用自己的生命去实践，真诚地体验分享，以时间管理为主轴延伸的对生命、生活、人生的思考。这是一场关于时间管理的研讨，时间生命、追求幸福的分享，更是串联起一个个幸福行动家的社群，值得用心思考人生、体验生命的人参与。”

时间流逝，时间也永驻。时间是过去、未来和当下，是整个宇宙，也是你我的。通过阅读本书，我们将重塑时间管理，也将重塑自身。

玩法建议

找队友

如果你觉得一个人练习书中的内容很孤单，那么就借助群体的力量。推荐你的家人或朋友一起阅读本书，在阅读完一章后，第二天把内容复述给对方听，并在一周后分享实践心得。

去打怪

把你在阅读时发现的最让你怦然心动的知识点以及实践后发生的改变，撰写成读书笔记，发布在豆瓣、简书上，将链接及联系方式发送至黑天鹅图书官方微信，你的心得将有机会在再版时刊登在本书中。

扫一扫，关注黑天鹅图书

回复“3件事”，获取本书各类工具电子模板

第一部分

先吃掉那只青蛙

整个夏天，蚂蚁都在为储备过冬的粮食而忙碌，像陀螺一样转个不停。蟋蟀是一位将小提琴视作伴侣的艺术家，每天听着自己的弹奏感动得眼泪都快要流下来。当雪花亲吻大地，蚂蚁端着热巧克力在洞穴里享受着自己的劳动成果时，蟋蟀则因为没有食物被饿死了。

这个故事原意是教小朋友们要勤劳。不过，让我看这则故事，反倒觉得我们既可以不像蚂蚁那么辛苦，也可以不像蟋蟀那么命运悲惨。只要学会了“吃青蛙”，我们就可以既储备足够多的过冬粮食，又用剩下的时间拉小提琴、跳华尔兹。**时间管理不是让人变得一味忙碌，而是让人变得轻松，有时间享受生活。**

第一章

FAST 四部曲：成为高效之人

如果人在死神突然降临前得到五分钟的警告时间，可以用这五分钟向他人诉说最有意义的话，那么，所有的电话亭都会被挤爆。因为这些人都想赶快用电话说出心里对他人的爱。

——克里斯托弗·莫利

（Christopher Morley）

天下武功，唯快不破。那什么是真正的快？

很多刚刚接触时间管理的人，以为时间管理就是做事情快。只要做一件事情所需要的时间越来越少，同样时间内做完的事情就会越来越多，就等于跑赢了竞争对手，等同于胜利。但如果细细观察真正的“高手”一天的生活，你会发现他们既不需要做事比别人快，也不需要每天比别人做得多。

在古龙笔下，李寻欢凭着最快的飞刀，杀死了武功不逊于自己的对手。李寻欢所做的，不仅仅是快。他全程只用了一刀，一刀击中要害。

先完成最重要的事，这正是你在本书前七章将要反复读到的一点。

某次我受邀针对创业者进行时间管理培训。上课前，主持人做了个暖场，问参加的学员“为什么来上课”。

“作为创业者，一周 7 天，一天 24 小时不够用。”

“每天一进公司大门，就有超过 3 个人的工作量等我完成，恨不得生出三头六臂。”

“最无奈的是，常常整个公司的人忙碌一个月，却发现没有收获。”

“其实我昨天晚上加班，几乎一夜没睡，而且这种情况每星期都发生不止一次。”

听完大家来上课的原因，我缓缓说道：“对于创业者，辛劳加班或许的确无法避免，大家为此疲惫痛苦，但如果每天都清楚最重要的事，这种痛苦就能解决一半。”

当天演讲的主题，就是本书介绍的第一个习惯——先吃掉那只青蛙。我将在七篇连续的文章中，详述理论、工具、心得、练习。你可以顺着 F、A、S、T 流程一口气读完，再一天天地练习，也可以按照本书的结构，分步骤练习。

用 FAST 原则吃青蛙

F：先吃掉那只青蛙

F 是英文单词“Frog”（青蛙）的缩写，是本书第二章会详细介绍的概念。你看到这里也许会想：“吃青蛙？好恶心！”放宽心，这里不是魔法学校，并不是真的要大家吃什么青蛙。“青蛙”的概念是博恩·崔西（Brian Tracy）在《吃掉那只青蛙》这本著作中提出的，代表的是需要完成的工作。

博恩·崔西也可以算作一个魔法师，不过他擅长的不是降服巨龙，而是激发人类的潜能。他是世界级潜能训练大师。博恩·崔西重要的观点之一就是，如果每天早晨你先做最有挑战性的事情，一天中其他的事情都会显得无比轻松。

高效的人并不是每天做很多小事，而是把时间花在最重要的几件事情上。所以，我们要勇敢地吃掉“最丑”的青蛙。同时，吃青蛙不能只靠生吞活剥，要有方法地吃，一口一口吃掉青蛙，进入高效的工作状态。

9:00 排出今天最重要的三只青蛙，到了 18:00 青蛙都吃完了，这样无论今天还有哪些琐事没有完成，起码完成了三件重要的事。你已经具备了高效能的基本分数，这样一来每天无论怎样都能保持效能了。

A：列出行动清单

A 代表“Action List”，英文中的行动清单。把今天要做的事情列成清单，之后就专注地一项一项做完。

每天早上花点儿时间，列出包含 1~3 只青蛙、5~7 只蝌蚪的每日行动计划。青蛙之后的其他任务就是“蝌蚪”，就是我们所说的琐事或小任务，相对来说不是非常重要的事。蝌蚪意味着如果今天做不完可以适当舍弃。这份清单除了自己使用，还可以和团队共享，让队员互相了解彼此的进度。

熟练使用行动清单对于践行 FAST 原则的重要性，犹如凡·高随身的调色板、小泽征尔手中的指挥棒，第三章将花很大篇幅分享具体的操作方法。

S：拆解青蛙

S 是“Slice”的缩写，代表切成小片。有些青蛙，不是一口能吃完的，需要分成几天甚至几周才能吃完，那么就需要切成小片。

在你的人生中，是否有过这样的体验：一项工作庞大且重要，但恰恰因为其庞大且重要，所以总觉得还没有做好准备，明日复明日地踌躇满志却裹足不前。生死线临近时，我们惊呼一声，手忙脚乱，最终事情将将完成。这样的情形，可能出现在你写论文、考职业资格证、筹备婚礼或计划换个工作时，更可能在你的人生中屡次出现。

当你面对那些很有压力、复杂的高难度任务时，如果将它们切成小片，找到合适的下一步行动，执行起来就会顺畅得多。

如何把青蛙切小，如何把难事拆分呢？在第四章中，我将介绍思维导图和九宫格两种方法。大家灵活使用，可以将复杂任务拆解成行动清单，让吃青蛙变得容易。

T：训练自己的时间感知能力

T 代表“Time”，也就是时间。在惊涛骇浪和塞壬的歌声中，时间感可以帮助航海家们保持速度和方向感。在每天吃青蛙的过程中，时间感知能力也可以帮助我们合理地制订并遵守日程。

第五章介绍的番茄工作法和 SWEET 原则会使我们面对日程更从容。掌握了这两种方法，只要利用简单的倒计时，就可以帮助你制订合理的日程或计划，让你做事井井有条，准时下班。

让重要的事来得及

世界上速度最快的人是谁？2016 年里约奥运会上，南非健将范尼凯克的 400 米田径成绩是 43 秒 03，创下新的世界纪录。

不过，如果漫画中的人物也能参加奥运会的话，这个成绩就算小巫见大巫了。在漫威的漫画里，若论速度，排第一的非快银莫属。用“来无影，去无踪”形容快银，绝不是一种夸张，因为普通人根本看不见他的运动轨迹。他，甚至能用手抓住子弹。可是在《X 战警》系列电影里，正是快银说出了这样一句台词：“虽然我很快，但有时候我也会来不及。”

英国管理学家查尔斯·汉迪曾经在书里讲过这样一个故事：他想去看望一位住在洛杉矶的朋友，但是总觉得下个月再去也行，明年去也行，拖了一年又一年。直到有一天洛杉矶发生了大地震，汉迪惊慌地拨打朋友的电话，一直无法接通。他立即买了一张机票，飞往洛杉矶。好在他的朋友全身的器官一件也没丢，两个人得以相见。

人类无法奢求时间永驻，更休想在奔腾的时间之河中逆行。不管我们有多快，生命中总有些事情来不及做，也总有些事情的错过令我们感到遗憾。所以，在加快脚步的同时，先做最重要的事，或许是尽可能让重要的事情还来得及的最好保障。做最重要的事情，让我们从吃掉今天的青蛙开始吧！

第二章

F 吃青蛙：要事为先的三个关键

我一直重复同样的事以求精进，我会继续向上，努力达到巅峰，但没人知道巅峰在哪儿。即使到我这年纪，工作了数十年，我依然不认为自己已臻至善。

——寿司之神　小野二郎

2008年，时任谷歌全球副总裁的李开复在接受《青年心理》杂志采访时，提及时间管理。记者问道："你觉得自己最好的习惯是什么？怎样养成的？"李开复这样回答：**"有效率地管理我的时间，我深信'要事为先'这个准则。"**之后他慢慢说，"每天清晨，我会把今天要做的事情整理出来，做一个排序。我会依事情的'重要性'而不是'紧急性'来排序。我会对自己做承诺，哪些事情这一天一定要做完，然后我会实现这个承诺。"李开复所说的"要事为先"，原理其实就是吃青蛙，而且强调了，吃重要的青蛙。如果不强调重要性，我们很可能忙于应付蝌蚪。

很多上班族觉得自己一天都很忙，但是一年到头在工作总结上却没有什么业绩可写。因为他们一直忙于应对如潮水一般的琐事。主管交代的任务不分轻重缓急、一视同仁地处理。这就是李开复与一般上班族的本质区别，好的职业经理人、创业者、时间管理者，懂得"要事为先"的准则，只选择重要的事情作为青蛙。

《吃掉那只青蛙》是时间管理领域经典的书之一，轻薄短小，所以很多人都知道"吃青蛙"这个概念。也正是因为这本书太轻薄短小，所以很多人并没有真正弄懂这个概念。在本章中，我仍要像喜欢念叨往事的老头子一样，不厌其烦地述说“吃青蛙”的概念。

如何选择青蛙

我喜欢利用中午的休息时间去户外散步，活动筋骨。这时候脑袋清醒，一些可以激励自己的话语便不请自来地飞入脑海。很多次，我都想到《寿司之神》里的一句话，“我一直重复同样的事以求精进，我会继续向上，努力达到巅峰，但没人知道巅峰在哪儿。即使到我这年纪，工作了数十年，我依然不认为自己已臻至善。”作为培训师，我不能只讲课，也要写书、开办沙龙把知识分享给更多人，我不断重复这些，同样追求继续向上和精进。继续向上和精进不是和别人对决，而是和我们自己的惰性对抗，这是场不进则退的战役。

每一届时间管理研习会的参与学员中，在实践吃青蛙的过程里，几乎都会有人问同一个问题：“有一些青蛙明明并不难做，但就是放着不愿意做，拖拖拉拉，同时又非常焦虑，这要怎么办呢？”

我回答："第一步需要确定这件事和你的目标、价值观、愿景的相关性，看到做这件事能给自己带来什么好处。"这里就涉及一个问题，如何选择青蛙？人做任何事都是有目的的，对于自讨苦吃的事情便不会有动力。

无论个人管理还是企业管理，管的其实既不是时间也不是人，而是人的精力。前者管理个人精力，后者管理一群人的精力。能力越大责任越大，管理者决定了精力的去向，将有限的精力花费在哪里带来的将是不同的结果、成果或者后果。人的精力有限，但功不唐捐。

我参加过这样一个心理游戏，说来有点儿残酷。假设你现在乘坐的飞机遭遇引擎熄火，马上就要坠落在太平洋里，还有最后五分钟的时间，请你写封遗书。你会写下什么？你心中有什么遗憾？

当时在场的很多人都泪流满面，其中不乏事业有成的企业家。他们有的后悔没有多陪陪父母；有的遗憾从未去看儿子的钢琴演出；有的顿悟坚守的事业方向远非自己创业之初的梦想……也有一位浪漫的企业家说，他不写遗书了，如果此时妻子在他身边（参加这次体验时刚好是他们夫妻一起在现场），他要对她说“我爱你”，然后长长拥吻，直到一起沉入海底。

假如你只剩下五分钟的时间，你所看重的事是否不一样？有些非常重要的事情，由于你觉得时间还很多，所以总是会被无限期地放在“明天”。只有清晰地规划好未来的目标、愿景，才能从事情的银河中摘取重要的星星。

在我们的生活中，很多重要的事情可能不紧急，但如果一直拖延，最终就会变成紧急事件，甚至变成需要亡羊补牢的事件。比如，花时间梳理公司战略的这只“青蛙”不被吃掉的话，当意识到时公司可能已经错过了市场转型的时机；和某个员工谈心的这只“青蛙”不被吃掉的话，忽然有一天他说要离职了你才发现措手不及；带喜欢火车的儿子去探访铁路的这只“青蛙”看似不起眼，但是如果一直不去做，说不定当你想做时，儿子已经成长到不愿意和老爸一起旅行了。

把青蛙切成刺身[①]，一口一口吃

君子之道，辟如行远必自迩，辟如登高必自卑。

——《礼记·中庸》

台湾著名建筑设计师姚仁禄说过："生活就像迈克尔·乔丹打篮球，看起来是非常快速地运球上篮，实际上'快'是由无数个'慢'组合起来的。"这是什么意思呢？其实就是吃青蛙的技巧——看似复杂的工作，实际上可以分解成许多小的行动。

以我为例，我每天早晨都撰写关于时间管理的文章。因为早晨妻儿都在睡梦中，我足足有两个小时属于自己的时间。我会按照例行程序，清空收件夹、规划每天的青蛙蝌蚪，接着便按下倒数计时器，提醒我持续不断地写文章。完成文章大纲，绘制思维导图，阅读参考资料，开始写文字，编排矫正，重点颜色标记，附加相关链接，然后贴到博客和各社交媒体上，以上过程一气呵成。

① 刺身：刺身就是指鱼脍、鱼生、生鱼片之类的东西，指将新鲜的鱼贝类生切成片，蘸调味料直接食用的菜品。

可以看出，写文章的这只青蛙被我切割成了“青蛙刺身”。把大事情分解成许多小动作，那么行动时我们就可以掌握小动作的重点，循序渐进，让自己跟着时间的节奏，通过每个小动作保持专注状态，持续推进大事情。

当我们想要做大事情时，复杂的细节与压力会让我们变得焦虑。可是如果把大事情分解成小动作，小动作相对具体简单，就能让自己心无旁骛地专注在小动作上，这样大事情看起来也变得简单了。

大事情看起来难以一下子完成，不便搬运，就像一面巨大的墙壁，似乎给人无法完成的压力。但是如果切割成一件一件小事呢？墙壁变成了一个一个砖块，看起来就很好搬运了。

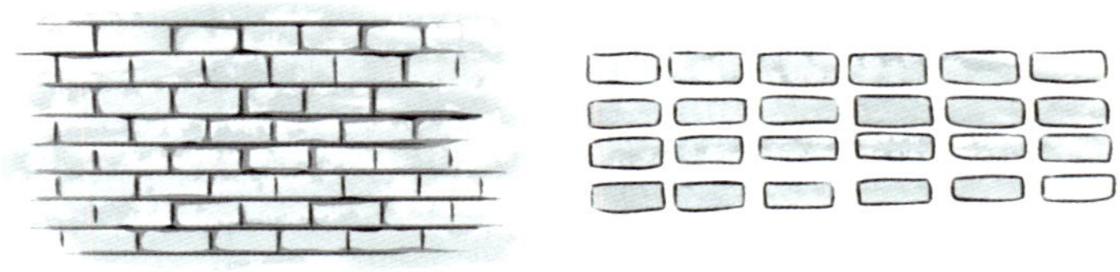

借助青蛙，进入心流状态

心流（Flow）出现时，一个人可以投入全部的注意力，以求达成目标。这时候没有脱序现象需要整顿，自我也没有受到任何威胁，因此不需要分心防卫，我们把它称为“心流”。

——积极心理学大师 米哈里·希斯赞特米哈伊

很多人都幻想过工作像玩电子游戏那么开心吧？玩电子游戏使人开心的原因很多，但是大多数电子游戏都有一个共同之处——非常容易使人沉浸其中，有一定挑战性，不会因为过于轻松而乏味。

吃青蛙的一个好处就是，借助挑战激发我们兴奋投入的工作状态。英文中有一个单词 flow，中文译作心流，指的就是这种人们完全沉浸在某种活动当中，无视其他事物存在的状态。这种状态本身会带来莫大的喜悦，使人愿意付出巨大的代价。

如果我们每天早晨集中精神，把最难的部分推动起来，通过吃大青蛙获得充分的“工作兴奋”，就像汽车的引擎被发动起来，我们的动能得以持续积累，一天的工作反而越做越轻松。

进入心流状态四步法：

Step1：热身时间

先做一些容易的工作，轮替一下不同的小事，这就好像典礼开始时的暖场。

Step2：专注青蛙

进入每天最重要的事（吃青蛙）本身。别忘了一口一口吃的技巧，心如止水，顺流而下。

Step3：适时休息

记得要在疲倦之前就休息。我在后面的章节会讲到番茄工作法，番茄工作法使我们每25分钟就有一次休息的时间。

Step4：每日检视

我会在第二天早晨写日记检视，从检视中找出哪些做法可以改善，下次要吃类似的青蛙时，可以有更好的方法。

一个轮子，推动时最费力，一旦转起来往往就轻松多了。每天早晨我们开始工作时也面对同样的过程。如果因为畏难情绪，迟迟无法开始，只会挫伤自信心。如果提起一口气，把最难的部分推动起来，通过吃大青蛙获得充分的“工作兴奋”，动能得以持续积累，反而会越做越轻松。

每个开始练习“吃青蛙”的人都会渐渐发现，这不仅是一个实用方法，也是一个克服心魔的过程。因为，在此之前我们没有发现——挑战最难的事情，正是生活中最有趣的部分。

本章练习

1. 每天早晨找出最重要、最难的那件事。

假如你需要吃掉两只青蛙，先吃最丑的那一只。

2. 把这件事分解成一个个小动作。

如何吃完一只大青蛙？答案是：一口一口吃。

3. 让自己专注于小动作，依序行动，进入 flow 状态，吃的青蛙越大，你所获得的成就感越大。

延伸阅读

《吃掉那只青蛙》(*Eat That Frog*) 博恩・崔西著

非常薄的一本书，相信你很快就能看完。书中有关于吃青蛙的若干具体行事原则，有兴趣的朋友可以作为日常吃青蛙的补充知识。本书前四分之一值得精读。

第二章
A 行动清单

列一份清单，工作效率可以提升25%。

——博恩·崔西

20 世纪初，当时资产超过亿万美金的伯利恒钢铁公司总裁查理斯，接受了企业管理顾问艾维·李的建议：如果艾维·李能够用三个月的时间提高公司内其他高层主管的效率，查理斯将支付一笔费用给艾维·李，费用多少由查理斯决定。

三个月后，艾维·李在家中查看信件时，收到了查理斯寄来的一百万美元的支票。

一百万美元支票的故事讲完了，那么问题来了——艾维·李用了什么方法才让伯利恒钢铁公司高层主管的效率大幅提升呢？方法其实很简单，他只要求主管们做一件事情。

“我要你们向我保证，在未来的 90 天内，每天离开办公室前，列出第二天要做的最重要的六件事情，并按照优先次序排列。第二天上班就开始执行，第二天下班前没有完成的事情，继续写在之后的清单上。”

什么，只是列清单？是的，就这么简单。而且这是一个非常有效的方法，也就是 FAST 中的“A”：列出每日的行动清单。通常一天可以列出 1~3 只青蛙，针对要事努力推进，一天可以列出 5~7 只蝌蚪，在吃掉每天最重要的青蛙之后也可以兼顾小蝌蚪。青蛙加上蝌蚪，这样就有了一个完整的每日行动清单，接着就开始努力地吃青蛙和蝌蚪。

和艾维·李一样，我也会要求跟我学习时间管理的学员坚持打卡一百天，打卡内容就是每日行动清单。在这样的练习中，你可能会遇到一些难题，例如任务常常一列就一大堆，一看就处理不完怎么办？为了让行动清单更有效并可以完成，我总结了帮助清单完成的三个咒语。

列出能做完的清单的咒语

苗爸一家和我们家相识多年，苗爸是室内设计师，有一次邀请我去他公司做培训。过了几个月，再次碰面时，他迫不及待地与我分享培训后的收获。

“永锡，听了你的课程后，回去检视我的工作习惯，发现一个大问题。以前我每天都会列出一个二十几件事的清单，但每天只能完成五六件。”苗爸带点儿无奈地说。

“后来，你做了什么改变呢？”我好奇地问。

“我改成每天只列出六件要做的事情，这样做之后还不小心多做了几件事情呢。”苗爸露出得意的笑容。

苗爸和伯利恒钢铁公司的例子是一样的，每天先列出要做的行动清单，接着努力去执行，但重点是“列出够少的事情”，这样反而效率大增。

咒语一：列出够少的事情，行动清单就能完成。
在每日清单上列出 1~3 只青蛙，5~7 只蝌蚪。

对于时间管理的初学者，每天只需要列出脑袋里想的今天要吃的青蛙和蝌蚪就可以了；对于进阶的时间管理者，他会在每天清空收件夹后，再规划每天要吃的青蛙和蝌蚪。所谓收件夹，就是昨天积累的电子邮件、笔记、电子文档、工作日志，检视并加入下一步行动中，这部分在后面的章节会重点展开。但无论如何，有一个法则很重要，这个法则就是“列出够少的事情”，这样你就必须思考：什么才是最重要的事情？什么才是我能做到的事情？

一个人每天的时间是有限的，纵然我们想要完成

100件事情，却根本不可能做到。所以我主张在清单上列出1~3只青蛙，5~7只蝌蚪。真正思考过自己24小时内能完成哪些事情的人，才能对自己与他人做出言必行、行必果的承诺。

让清单更容易执行的咒语

列出来的事情，如何才能更容易地执行呢？在这里我们需要对行动清单做一些小小的加工。

从2002年到现在，我和数万人讨论过时间管理的问题，在互动中我意识到“加工”的重要性。为了方便大家理解，我总结出了“将杂事加工成行动”的语法，用英语语法造句的概念来加工杂事。

举例来说，某天上班路上，我刚把车子停在公司停车场就发现轮胎没气了，于是我就在笔记本上写下“轮胎”两个字。这就像一个英文单词，接着，我们就用上面所提到的语法将杂事加工成行动。

第一个问题：这件杂事是什么？

早上开车我听到“砰”的一声，到停车场后发现轮胎瘪了，恐怕是爆胎了，需要更换轮胎。

第二个问题：你希望达成什么结果，为了这个结果你需要采取什么行动？

天啊，我后天还要开车出远门，希望后天可以平平安安出门，所以车需要去 4S 店维修。

第三个问题：下一步行动是什么？

所以我的下一步行动是打电话给 Kris，问 4S 店的电话号码（他刚换了一组新轮胎）。

通过这三个问题，我把一件杂事“轮胎”加工成了预期结果“后天平平安安地开车出门”和下一步行动“打电话给 Kris，问 4S 店的电话号码”。

所以我的每日清单上应该写下的行动是“打电话给 Kris 问 4S 店的电话号码”。常常问自己“下一步行动是什么”，这是我们要养成的一个时间管理习惯，可以帮助我们完成每日的行动清单。

咒语二：下一步行动是什么？

为了让清单中的行动更容易完成，必须时常问自己这个问题。

不想行动时的咒语

一般而言，一个作息正常的人，每天刚起床时是精力最好的时候，此时应该先吃青蛙。我们应该用最有精力的状态，面对最困难的事情，这样才能事半功倍。但是如果此刻你情绪低落、缺乏干劲，什么都不想做，或许就应该先吃蝌蚪。

蝌蚪大多是十分钟内就可以解决的事情，先用一个番茄钟的时间（25 分钟）专注吃掉一堆蝌蚪，之后若精力恢复了，再开始吃青蛙。利用番茄钟吃蝌蚪可以帮助你回归心流状态，作为对吃青蛙的热身。

咒语三：不想行动时，先来只蝌蚪尝尝。

时间管理，就是精力管理，在精力不好的状态下，还能够继续推动某些项目，这会让我们更加高效。

让每日行动清单运转起来

学会列出行动清单，犹如拥有了一台石磨。从此你不用发愁再吃整颗的小麦，终于迎来了可以通过一道道程序加工，慢慢品尝馒头、面包的新时代。不过，要想让石磨日复一日地运转，还需要配套的“风车”推动。

下面请你思考，如何推动每日行动清单的运转？

从收件夹中找出每日的青蛙，更好地推动行动清单

当一天的工作开始时，一个优秀的时间管理者要做的第一件事，就是清空收件夹。我的收件夹包括笔记、电子邮件、电子文档、日记，这些都是所谓的“杂事”。这些杂事正张开双臂，等待我用前面学到的“将事加工成行动”的语法，分批予以处理加工。

笔记

我会回顾昨天在笔记上记录下来的事情。把需要执行的部分移到行动清单中，剩下的保存在笔记资料库中。上班族会有会议记录、谈话记录（和主管、下属、客户等），学生有课堂笔记，都应该浏览一遍，并从中找出需要有下一步行动的任务，放入自己的行动清单。

电子邮件

一封信一封信地依次检视，每看完一封信，你可以选择存档、立刻回信、授权他人处理，或者转寄到行动清单作为下一步行动。持续这个动作直到所有的邮件都处理完。

电子文件

我们经常在微信中收藏很多文章、图片、句子，在电脑上使用浏览器时也会使用收藏夹。但是被收藏的内容往往像偶然招进宫的妃嫔，以后不会再被你多看一眼。

我每天清空收件夹时，会把前一天收藏的网页资料快速浏览一下，加上标签并储存到个人的资料库中，比如印象笔记或 OneNote。在公司工作时，则有许多 Word 文档或 PDF，应该阅读并修改之后，寄给负责人或上传到公司的资料库。除此之外，我也会写文章、制作讲义、做幻灯片、写各种文案等，这些都是数码文件资料，应该好好整理、收集。

个人日记或工作日志

我写晨间日记的习惯已经坚持了将近十年，每天记录前一天发生的事情或心情，对于了解自己有莫大帮助。在公司中则应该检视工作日志，看看昨天哪些事情已经完成，哪些留到今天需要继续努力。而这些日志也是一种收件夹，我们应该从这些收件夹出发，去找出自己的行动清单。

维护好一个行动清单的方法，就是每天清空收件夹。这个过程就像风车在运作，不仅推动了石磨的运转，同时产出了脱壳的谷物。将杂事加工成行动，并从收件夹中找出今天的青蛙，这样才能将工作及生活继续向前推进。

整理清单的工具

清空收件夹后，接着看当天该做的事情、自己负责的专案的下一步行动，并看看日程表。

浏览过后，就从今天的收件夹中抓出青蛙及蝌蚪。

之后便列出一个每日行动清单，有些人是用笔，写在笔记本或者我发明的八页小书上（见 P87）；有些人喜欢用电脑或手机 APP，维护一个电子版的每日行动清单，这些都是很好的选择。

另一方面，在清单上留有“空当儿”，这样才能够面对突发状况。如果你把自己的时间都排满，那么每天遇到意外时要怎么缓冲？那样你的清单就会一直处于混乱状态。因此，与其看着很多事情发呆，不如“列出够少的事情”，并全部完成。

选择每日行动清单工具的原则

便于检视：青蛙、蝌蚪，一目了然。

便于使用：很多 APP 能把青蛙设为周期性，方便拖动条目顺序等。

便于分享：未来的时代，要让团队的其他人看到自己做的事情。

随身移动：可以带在身边，随时拿出来看。

推荐四个数字化清单应用

除了把清单写在笔记本上，现代人应该懂得善用

“数字化清单”工具，这里我先做一个简单推荐。

OmniFocus 是老牌又专业的清单工具，效率非常高，美中不足的是只能在 Mac 和 iOS 系统下使用，没有 PC 版。

Wunderlist，又称奇妙清单，有很漂亮的界面与亲切的使用流程，目前属于微软旗下的服务。

滴答清单，基础功能免费，比较符合大陆用户的使用习惯，可以语音输入，还可以把微信的内容直接复制到清单里。

共享清单，减少干扰

维护一份高效率行动清单并不是件容易的事情，但它带来的好处绝对让你感到物超所值，这些好处中最显著的就是减少干扰，获得专注。专注工作最大的敌人就是“干扰”，如果我们检查一下工作中受到的干扰，通常会来自以下几个地方：

老板

老板一讲话，本来专注的工作状态立刻被打破了，员工必须完成老板交代的事情后，才敢回来做自己的事情，又需要再一次进入专注的暖身时间。

下属

如果身为主管，下属也会常常来干扰你，而且往往都是紧急状况，因为他无法处理才来找你。

客户

客户的消息通常必须马上回复，却大多是“紧急但不重要的事情”。

同事

同事问东问西，索取信息，耗费了彼此的时间。

自己

有时候明明很想专注，却肚子饿、感到身体不舒服，这是来源于自身的干扰。

要如何抵御这些干扰呢？有些团队会利用“每日立会”的方式，每天早晨花 10 分钟让每个员工决定今天的青蛙及蝌蚪，接着就开10分钟的站立会议，各自讲今天需要吃掉的青蛙，讨论需要他人协助的地方，之后就设定番茄钟开始专注工作。

这样做的好处是，工作中老板不会再打扰员工，同事之间也能知道彼此在忙什么，使干扰降到最低。对于来自客户的干扰，如果同事可以形成一个小团队，某些人专门负责接客户电话，让今天有“大青蛙”需要吃掉的同事得以专注工作，也不失为一个好办法。

放暑假的时候，两个儿子都待在家里，我就让他们每天列出行动清单，写下一天要做的事情，例如游泳、跳绳、写作业、阅读，这样其余时间他们就可以去玩游戏。我也可以专心工作，只要设几个闹钟，提醒他们看书、带他们去游泳即可。我的行动清单可以顺利推动，孩子也做了该做的事情。无论是家庭还是企业，人们互相知道彼此的“青蛙”，就可以相互保护，获得不受干扰（或减少干扰）的工作空间，让彼此的事情更加顺利地向前推进。

过去，你可能以为专注是“一个人的事”，但事实并非如此。仅仅列出清单是不够的，如果家人常常干扰你，同事在上班时间一直丢给你额外的任务，即使自己的清单列得再好，也无法发挥效用。专注是需要大家共同维护的事，知道彼此的青蛙，才能互相支援。当你想通这一点，就会知道维护行动清单的重要性——这是从个人清单维护到团队清单维护的过程。

本章练习

1. 像平常一样列出你今天要做的任务清单。
2. 用“将杂事加工成行动”的语法进行加工。
3. 写出下一步的行动清单。
4. 找出行动清单里的 1~3 只青蛙，其他都是蝌蚪。
5. 先专注吃掉青蛙。

你可以在每天早晨完成这个练习，如果能够坚持 100 天，一定会有更大的收获。

Just do it

龚攀 – 北京

一个互联网运营工作者，书呆子，研究游戏化 / 认知科学 / 社会心理学 / 行为科学。

用滴答清单之后，最喜欢的是它的重复定时提醒功能。比如每月 3 号的信用卡还款日，或者每周给花浇水一次，都可以记录下来，不用惦记。

最需要定时提醒的，其实是习惯培养。在思考过习惯培养之后，我明白了几件事：习惯是一个金字塔，由一个个小习惯积累而成。比如先养成早起习惯，再早起运动，再早起写晨间日记，再早起做清单，按照清单工作，等等。而人与人的差距，绝对不是一蹴而就的，而是一个一个小的工作习惯、生活习惯、思维习惯日积月累产生的。

习惯是一个频率问题，贵在重复：很久以前我早起的频率是每周 1~2 天，如今我早起的频率是每周 5 天。以前我记录清单的频率是每周 1~2 次，如今我基本能做到每天都用清单。那么如何提高这个频率？《习惯的力量》将它分为三步：固定暗示、固定行为、固定奖励。

意识到习惯才是人与人之间差距的根源，意识到习惯贵在固定地重复，我就给自己列了一个清单：

【习惯在于重复】利用它的重复定时提醒功能，使我不会忘掉该做的事情

【早起】每天起床，顺便晒太阳

【运动】做 7 分钟的运动

【写字】每晚 8 点在公司写 20 分钟文字

【学习】在上下班的公交车上学习

【看书】每天至少看 30 页书

【早睡】每天 11 点洗漱，12 点前睡觉

【少吃】每天 3 顿饭都只吃八分饱

【得到】每天 1 篇万维钢专栏

【聊天】每周约 1 人

其中，早起、运动、晒太阳，都可以刺激血清素的分泌，提高人的快乐程度。吃八分饱，一可以保持体重，二不会因为吃得太饱而使大脑供血不足，导致人的思维和效率降低。交流、学习和写作是我追求智慧和个人发展的方式。

希望你也能使用清单这种方式，培养更多的好习惯，过好这一生。

第四章

S 拆解青蛙：思维导图与九宫格

要完成一件伟大的事情，两样东西必不可少：一是完美的计划，二是紧凑的时间。

——美国指挥家 伦纳德·伯恩斯坦

（Leonard Bernstein）

第四章让我们学习“FAST”流程之“S”。S是拆解、组织、切分的意思，是把大青蛙切成小任务，并且转化成下一步行动的具体做法。作为一名讲师，我每年都在台湾、北京、上海、深圳之间飞来飞去，每次出差都是行程满档。那我是怎样做到在忙碌中还能有条不紊，清楚地知道自己要做什么的呢？关键就在于虽然行程忙碌到不可思议，但是在出行之前我早已对事项进行了规划，排好了清单。事多但是心不杂乱，手快心明。

我的一位学员在医疗器械行业做市场工作，她第一次出差时还真有点儿手忙脚乱。职场小妹这次去南京本来是为了参加展会，工作之余还想忙里偷闲去几个景点游玩一番。此外领导安排她拜访南京的合作机构，其中一家代理商需要做一场针对销售人员的关于产品性能的培训。同时，职场小妹的大学闺蜜嫁到了南京，职场小妹也想找她聚聚。

于是，职场小妹在纸上写写画画南京行的日程：

4月13日～17日展会，13日布展，17日晚撤展，必须在现场。中间几天同事在现场，自己可以离开。地

点：国际展览中心（玄武区）

14 日、15 日拜访孙总、张总。孙总公司地点：世界之窗创新产业园（江宁区）。张总公司地点：南京大学

18 日、19 日张总公司培训

想去的地点：夫子庙、玄武湖、中山陵、总统府、秦淮河

闺蜜家地点：江宁区

需要做的事：订酒店、订往返高铁票、准备培训内容、查找旅游攻略……

其实职场小妹早就养成了每日更新行动清单的习惯。但是比起日常工作中的青蛙，出差旅行就是一头“哥斯拉”，职场小妹一时理不出头绪。于是她拿起手机，用微信向我求助：“永锡老师，有什么好方法可以规划出差的行程吗？”

下面就是我向职场小妹推荐的方法：

思维导图

思维导图又被称为心智图，是一种图形思维工具。简单地说就是对一个主题展开发散性思维，在纸上或电脑上用关键词、图形把事物之间的关系理顺，再配以图像、颜色等辅助记忆。

思维导图最重要的功能就是用来梳理脉络。对于知识工作者来说，梳理脉络是一项很重要的能力，例如，写某篇文章时，一开始脑中有很多相关的观点、案例，但唯独不知道该采用什么结构，所以先画了一张思维导图，把想到的点子都放上去，这就是写文章的素材。接着，重新排列思维导图的各个分支，找出自己想要呈现的脉络。最后再动手，在结构的骨架上添加血肉，形成真正的文章。

我和一些幸福行动家的朋友常常举办时长半天的活动，也是利用思维导图来思考活动的流程，编辑修改，做出一张简单扼要的思维导图。活动前，用这张思维导图可以让参与的成员迅速了解活动的流程。

回到开头的故事，职场小妹因为出差的事情向我求助，我简单地向职场小妹介绍了思维导图的原理后，请她按以下步骤对出差的日程进行分析。

Step1 确定主要事项

职场小妹本次出差要完成的事项包括：行业展会、经销商销售员培训、拜访客户、私人游玩。想了想，她将出发前的准备工作和回来后的收尾工作也加了进去，一共六大项。

Step2 展开所有事项，确定下一步行动

用思维导图思考日程的一大优点是无遗漏，针对每一项重要事项，列举其相关信息。职场小妹想到自己容易复发鼻炎，如果在出差时生病就麻烦了，要去医院的话也会耽误正常的工作安排，所以在出发前要去医院开一周的抗过敏药备用；还有，布展前应该提前联络物流公司，确保物料已经抵达南京，以免在现场时手忙脚乱；私人游玩时别忘了购买土特产，等等。

Step3 整理所有行动，并寻找其中的联系，制订日程表

此时，职场小妹绘制的思维导图，已经可以帮她俯

瞰出差这件事的全局，接下来要做的是把思维导图“翻译”成日程表。

先把花费大块时间且时间、地点不能调整的事项填在日程表上，诸如“布展”“撤展”“经销商销售员培训”这几项的时间、地点是不能改动的。拜访孙总、张总的时间相对灵活，需要和对方提前预约，可以填充间隙。

举办展会的国际展览中心和职场小妹想游览的玄武湖非常近，夫子庙、秦淮河的夜景也非常棒。每天展览结束后，职场小妹可以抓紧时间游览一两个景点。闺密家距离孙总公司比较近，如果将拜访孙总和去闺密家做客定在一天，能大大节约花在路上的时间。

按照我的方法，职场小妹很快就制订了一份合理又舒适的日程，兴高采烈地向我汇报。不过，聪慧的她又提出了一个问题：在执行的过程中，画完的思维导图会一直拿出来看吗？其实，在最终执行的过程中，我们可能会偶尔回顾一下思维导图，但这并不是必要的。换句话说，在思维导图画完的那一刻，它的任务就已经完成了。思维导图的使命是对于思考过程的辅助，让职场小妹完成更深入的、全面的架构。

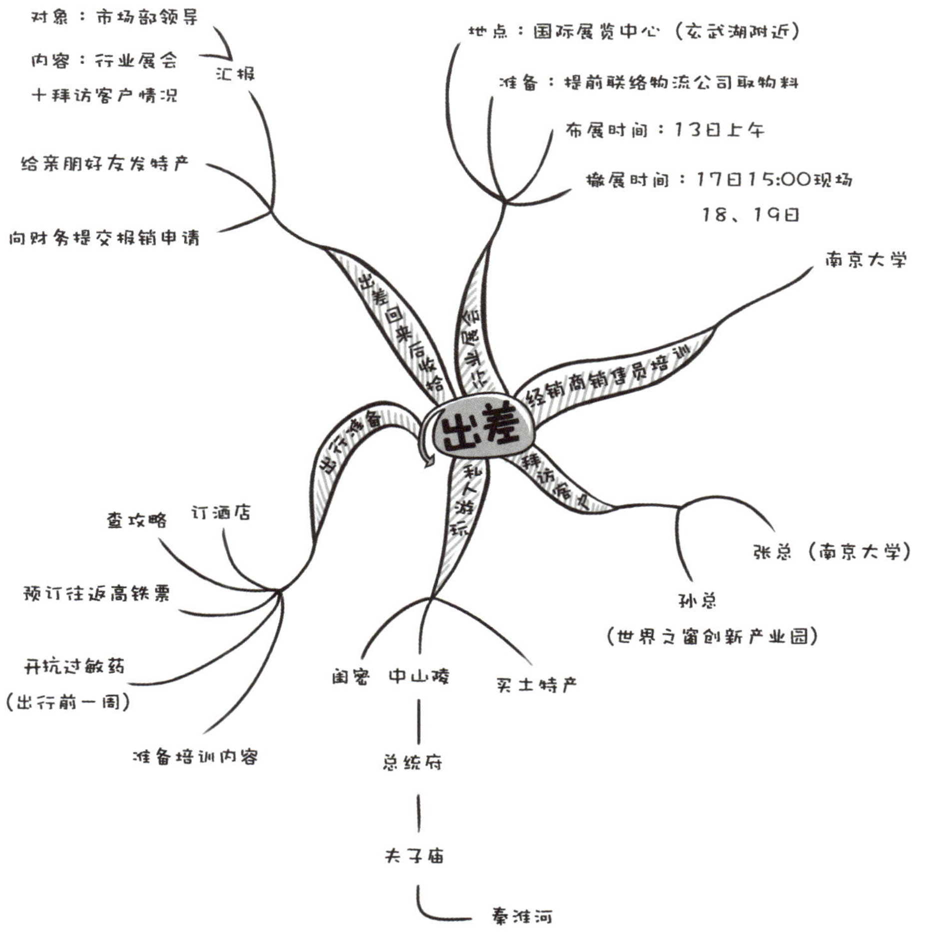
出差
出差回来后收拾
汇报
对象：市场部领导
内容：行业展会
十拜访客户情况
给亲朋好友发特产
向财务提交报销申请
会展准备
地点：国际展览中心（玄武湖附近）
准备：提前联络物流公司取物料
布展时间：13日上午
撤展时间：17日15:00现场
18、19日
经销商销售员培训
南京大学
拜访客户
张总（南京大学）
孙总
（世界之窗创新产业园）
私人游玩
闺蜜
中山陵
买土特产
总统府
夫子庙
秦淮河
出行准备
查攻略
订酒店
预订往返高铁票
开抗过敏药
（出行前一周）
准备培训内容

九宫格

除了思维导图，九宫格是寿司师傅手中的另一把钢刀，可以用于制作“青蛙刺身”。九宫格又称为曼陀罗思考，可以用九格或八十一格，对每天的青蛙进行分析及处理，为我们顺利进入下一步行动提供方便。

职场小妹看我常常运用九宫格来进行青蛙拆解，于是便要我教她用九宫格来思考南京之行的行程。

回来后 收尾工作	私人游玩	
经销商销售员 培训	去南京出差	拜访客户
出发前 准备工作	行业展会	

“将纸用两横两纵的线，切成九个区域，这样子就可以开始写笔记了。

“中央格子填入要思考的主题名称，接着在外部的八格中填入想到的点子，或者记录别人的演讲内容。

“九宫格四周的内容越写越多，对中心主题的思考就越来越清晰。”我一面讲解九宫格的画法，一面把职场小妹南京行程的六个行程安排放进九宫格中。

Step 1：确认主要事项

我的九宫格绘制是依照日本松村宁雄[①]先生的九宫格绘制法，由下、左、右、上、左下、左上、右上、右下的次序，写入行业展会、经销商销售员培训、拜访客户、私人游玩。想了想，她将出发前的准备工作和回来后的收尾工作也加了进去，一共六大项，这样还有两个空格。

① 日本知名专业管理顾问，著有《曼陀罗九宫格思考术》。

Step 2：展开所有事项，确定下一步行动

由九宫格延展到八十一格也很简单，就是在每个九宫格中，继续绘制两横两纵的线，这样就有八十一格。

我教导职场小妹，先绘制八十一格的空格，依序填入她南京行的详细行程，在填写的过程中，她也想出了许多新的下一步行动。

最后，我也和职场小妹说明，使用九宫格可以方便写下我们目前零散的思考，并抓住一个贯穿的主轴。比起思维导图的发散，九宫格提供了严谨的框架，填写九宫格是一种在给定框架下思考的训练。因此在笔记中画出九宫格，然后通过从中心发散到四周的脉络，在一个“聚焦中心点的视觉图形”中整理自己的混乱思绪，有助于让自己的思考更加专注。

思维导图，九宫格，哪一种方法最适合拆解青蛙？没有最好的选择，只有最适合的选择。思维导图适合任务很大很复杂时，做出有鸟瞰效果的梳理；九宫格思考法则适合对有条理的东西进行快速记录与深入思考。

本章练习

1. 在纸张上画出九宫格（或八十一格）或思维导图。

2. 把你最近思考的问题写在中心。

3. 在四周方格中写下延伸的想法。

4. 某个想法需要更深入地思考时，可以继续填写更多的细节。

延伸阅读

《思维导图》东尼·博赞（Tony Buzan）著

东尼·博赞写了很多书，其中这本是最基础、最值得看的，堪称思维导图的经典教科书，可以通过阅读本书初步掌握思维导图这个工具。

《曼陀罗九宫格思考术》松村宁雄著

九宫格思考术入门作，但是目前只有繁体中文版，简体版在计划出版中。

第五章
T 训练自己的时间感知能力

对于时间来讲，因为它有可以被度量的运动，所以它可以用数字来说明。

——马克西姆（Maksim）

《神学和哲学诸问题》

前面几章的练习，我们分别进行了“FAST”吃青蛙流程里的前三个步骤。接下来，我们要进入“T”部分，通过训练时间感知能力和时间提醒来督促自己吃青蛙。

下面我将介绍番茄工作法来帮助大家提高时间感知能力。

番茄工作法

2011年9月19日是我开始运用番茄工作法（Pomodoro Technique）的日子。当时在上海听好朋友邹鑫[①]的分享，了解到番茄工作法能营造出工作中的专注与休息交替的节奏，我当即决定认真使用。从此之后，再也没有放下这颗可爱的“番茄”。

番茄工作法的基本原则是最高强度地专注于一件事情上25分钟，例如看书、背诵、写作、思考或进行各种工作任务，然后让自己精神放松5分钟，例如站起来走走、刷网页、聊聊天。只要一直重复这个循环过程，

① 时间管理讲师，《小强升职记》作者。

可以让自己掌控时间并维持最佳专注力。

专注与休息的节奏

番茄工作法最棒的一点，就是设定明确的计时单位：25 分钟工作，5 分钟休息，就是一颗番茄。不用思考一件事情要做多久，只要想做这件事情需要用几颗番茄。

25 分钟冲刺工作，5 分钟休息。

工作时，我们只要想到“努力 25 分钟就会得到 5 分钟的休息时间”，便不会觉得那么有压力。并且我只要想到只有 25 分钟时间，那真的是一刻也不能浪费了，因此能更专注地去工作。这种全力冲刺，之后完全放松的方式，会让人产生一种特别的快感，让人想要“吃下更多的番茄”，又不觉疲倦。

专注 25 分钟后，番茄工作法“强迫”你休息 5 分钟，而休息最低程度是“站起来，离开座位至少两米远”。适当的休息，能够让自己从工作中获得喘息的机会，也能顺便做一下锻炼，舒展筋骨，等下才能够更加专注地工作。番茄工作法提供给我们一个切实可用的“专注”“休息”

节奏，只要遵守这个循环，工作时间长也不会太过疲倦，反而常常可以获得更长的休息放松时间。我自己长时间实践后，有一些使用上的秘诀和大家分享。

秘诀一：晨间清单与番茄工作法结合

我自己有一个早上起床后会固定进行的仪式。所谓仪式，就是一连串的固定任务。所以我每天早上起床的第一件事情，就是设定番茄钟并打开计算机调出晨间清单，开始一项项照着清单做。

晨间清单包含哪些事情呢？首先是写晨间日记，检视过去的一天。接着是看看日程表及待办清单，抓出今天要做的事情的重点。然后是运动、洗衣服、喝水、帮家人买早餐、检查出门要用的钥匙、和网友互道早安，等等。还有打开今天要用到的软件，准备开始工作，并关闭不必要的软件等，照着晨间清单去处理一件件事情。**一下子，两个番茄钟就过去了，而我的晨间仪式也已经完成，开始进入我的“心流”工作状态。**

由于有番茄钟的控制，又有晨间清单，我的晨间时间可以运用得更加高效。不仅可以养成好习惯（规划行程、写日记、运动等），而且可以当个好爸爸（洗衣服、买早餐等），甚至可以提升做事效率（关闭不必要的软件）。

我在美国搭乘飞机时，看见机长和副机长会拿着一张检查清单做飞行前的检查，运用清单降低飞行过程中出现错误的可能，当时亲眼看见他们仔细地做程序检查，心中增加了许多安全感。后来，我也会对例行事情做各种清单，例如旅行的打包清单、每周检视的工作清单等。

秘诀二：番茄钟节奏最适合吃青蛙

前面提到每天早上列出的青蛙与蝌蚪清单，就可以利用番茄工作法的时间节奏顺利吃下去。博恩·崔西认为每天都应该要选出我们认为最重要的事情并将之完成，这样每天就没有能难得倒我们的问题了。一旦开始运用，就会发现吃了青蛙的一天，就是高效的一天。如果没选出青蛙，或是选出青蛙却逃避去做，基本上那天做的都是不重要的琐事。这个简单的时间管理概念真的非常重要。

学会番茄工作法后，我进一步发现番茄工作法和吃青蛙两者简直是天造地设的一对。因为大部分的青蛙都需要专注工作一两个小时以上才可能彻底解决。但专注很难，所以利用番茄工作法来帮助我们专注地吃青蛙。

每个人每天都应该选出最重要的事情，并设定几个番茄钟来面对这只青蛙，一口口地吃下去。

在前几天的吃青蛙练习中，你可能已经感受到了，吃青蛙是一件需要一定体力、专注力、意志力的差事。所以，通常我会利用上午的时间来吃青蛙，这是我一天中工作效率最高的时段。到了下午，我的精神已经疲惫，不适合吃青蛙，就处理一些比较轻松的工作，这样才能劳逸平衡。如果可以做得到，那么晚上回家后，就专心和家人相处，尽量不管工作的事情。

秘诀三：善用番茄钟的休息时间

年轻时，我不是很爱运动的人，但是过了四十岁后意识到：**如果不做运动，精力管理不可能做得好。**

最初，我也常常苦恼于时间已经不够了，哪还能空出工作时间做运动？朋友曾建议我做些健身操，这些体操动作简单、耗时不多，听起来不错，但我还是难以坚持。直到后来我发现可以用番茄工作法的休息时间来健身。

以前，休息时间用来喝水、上厕所、检查e-mail、散步，这些都是轻松休闲的方式，但是无法达到运动的目的。

现在，我会利用这五分钟做俯卧撑、倒立、深蹲等健身动作，并且记录次数。以前总是烦恼没有时间健身，现在我每半个小时健身一次，一次做几个简单动作，不会有太重的负担，而且能有效地切换工作情绪。

最近许多朋友都说我的体态改变了，我自己也觉得比以前更有精力、效率更高。因此建议大家善用番茄钟的休息时间多做运动，除了利用番茄钟提高工作效率，也能借助休息时间的运动做好精力管理，正所谓一举两得。

推荐几款番茄钟软件

在手机或计算机上使用现成的番茄钟软件，优点就是它已经帮你设定好了每 25 分钟加 5 分钟的循环，这样直接计时即可，省去自己设定时间的麻烦。

番茄土豆：结合任务清单与番茄钟，有各平台的 APP 与网页版，是很适合吃青蛙的番茄钟工具。

Focus：有 Mac 和 iOS 版，好处是可以列出待办事项。

Focus Booster：有 Windows 与 Mac 版本，可以在桌面上使用的番茄钟计时工具。

认识你自己。

——苏格拉底（Socrates）

在时间管理上，认识自己就是了解自己平时是怎么运用时间的，了解自己会在哪些时候浪费时间，又会在哪些时候善用时间。而充分认识自己的具体方法，就是“为自己的时间使用方式留下记录”。

有没有什么方法既可以满足认识自己具体的时间运用的目的，又可以轻松做到不干扰工作本身呢？番茄钟或许可以帮我们做到这件事。通过番茄工作法的计时，了解自己每天花了多少时间专注于工作，在每个任务上要花掉多少个番茄的时间，渐渐地，我们也就能掌握自己完成事情的时间了。

本章练习

1. 找一件需要一两个小时完成的事情。
2. 找一个闹钟、闹钟 APP 或番茄钟工具。
3. 设定 25 分钟工作，5 分钟休息的循环时间。
4. 计时开始后，专注于事情上 25 分钟。
5. 25 分钟后，休息 5 分钟，完成一个番茄循环。
6. 计算自己用了多少个番茄钟完成这件事情。

第六章

设一个好闹钟

含羞草不需要看见阳光，也能感觉阳光的存在。

——法国天文学家 Jean-Jacques de Mairan

其实早在古希腊，哲学家、医生希波克拉底就注意到了生物过程的节律性。人类的核心体温、皮质激素和学习记忆等均具有明显的节律性。我们需要顺应身体的节律，集中注意力、休息放松，保持规律的生活、充足的睡眠。保持节律，只靠大脑是不够的，我们还需要一个闹钟。现代人习惯用手机、电脑、实体倒计时器作为闹钟。这些形态的闹钟都可以使用，更重要的是如何有效地用好它们。

我们在 FAST 练习中强调的吃青蛙，其实可以搭配 SWEET 闹钟来执行，这样能获得更好的效果。我们可以将今天重要的任务排一个处理时间，例如早上 10 点至 12 点，然后设定一个闹钟提醒自己开始吃青蛙。可是，我们的闹钟应该设定在 10 点吗？这样的话，我很可能 10:20 才进入工作状态，12 点多才把工作完成，结果后面的其他工作也跟着拖延了。所以，最好的方法是设定 9:40 的闹钟，告诉自己这时候就要开始准备吃青蛙了。如果你的闹钟提醒都包含 SWEET 时间，你就更不容易拖延。

帮闹钟加上 SWEET 时间

SWEET 是“Stop Working on Everything Else Time”的首字母缩写。它的意义用中文完整地表达就是“设定一个提醒自己切换的闹钟，在真的去做下一件事情之前停下现在的工作”。

如果想搭乘 10:00 的高铁，我必须在 9:00 出门，但如果我把闹钟设定在 9:00 会发生什么？我可能听到闹钟声之后开始进行手头工作的收尾，开始换衣服，去卫生间，然后过了 10 分钟才出门，这样的结果常常就是赶不上高铁。

所以在出门前，我应该预留 10 分钟的缓冲时间，提前做前一项工作的收尾，因此，我应该设定出门搭乘高铁这件事的 SWEET 时间是 8:50。

可以使用 SWEET 原则的地方很多，例如可以设定出门时间、提醒自己接送孩子、提醒开会时间等。SWEET 原则的好处之一就是减少迟到，并且避免因为意外而有所拖延的情况。经过事前的规划及闹钟设定，我们可以在闹钟响起时，带着微笑，从容不迫地停止手头的工作，安心切换到下一个任务。这不是很 SWEET 吗？

如何使用 SWEET 时间闹钟？

明天我要去清华大学演讲，地点在北京学府最多的地方——五道口，之后与北京的企业客户开会，地点在IT公司聚集的中关村。我的行程如下：（离开旅店8:00，回到旅店13:00，午饭13:30）9:00~12:00在清华大学演讲，之前需要考虑交通时间；15:00~18:00在中关村3W咖啡厅，之前也需要考虑交通时间。

只要是出门的行程都会有前置、后置时间，例如梳妆打扮、交通出行、为堵车和紧急事件留出的缓冲时间。为了做有效率的规划，我们必须把前置时间、后置时间加上，于是SWEET时间就出来了，也就知道闹钟真正应该设定在几点。

出门 SWEET 时间是 7:30

闹钟帮生活重上正轨

简单的倒数计时器，其实有很多用途，让我们一一细数。

小事同样需要处理

随身携带的手机，是协助养成习惯的好工具，尤其是例行的事情。例如接小孩下课、晚上洗澡后洗贴身衣物等，这些小事都很容易忘记，或者因为“自己忙不过来”而手忙脚乱地做不好，甚至因为忘记而导致生活失序。其实不是我们没时间，而是我们把时间掐得紧紧的，忘记留下SWEET的弹性空当儿，所以什么事情都做，什么事情都做不好。但借由闹钟的“提前”提醒，可以帮助自己养成好的生活习惯，例如接小孩前20分钟就开始提醒们我停下手头的工作。当我们能够重新掌控生活时间时，我们会对自己更有自信。

做一个对自己的承诺负责的人

当我对孩子做出承诺时，也会在手机的闹钟上设置提示，当一个说到做到的爸爸。很多小事也能用类似的方法处理，例如干洗店洗衣物需要下午才能洗好，跟店员约好下午去取，就设定下午的提醒，去拿干洗好的衬衫。用 Siri 就能快速设定闹钟，让它做你的私人助理。

让自己在生活上可以一心二用

一心二用不太好，但有时候我们不得不同时处理两件事情，这时候设一个闹钟，就可以提醒我们另外一件可以暂时放下的事情。例如烧水时，需要在厨房里一直等着吗？不需要，我一般会设定一个 10 分钟的闹钟，然后去做另一件事情。因为我家的水壶通常 11 分钟左右可以煮沸开水，所以设定 10 分钟后去检查。那时候水还没有煮开，稍稍等一下就好，这样就避免了水溢出的危险。这样的方式还可以运用到很多事情上，例如洗衣服、微波炉热食物、泡方便面等。洗衣机和微波炉虽然会自动停止，但人们常把东西忘在里面。这些小事记在脑子里容易忘，但又想同时去做另一件事情，这个时候用闹钟来提醒，就可以安心地“一心二用”。

你可以随身携带的计时器

说了计时器这么多好处，接下来就要选择适合自己的计时器了。计时器基本上可以分为三大类：手机、电脑、实体定时器。

手机上的计时器

不管是 iOS 还是 Android 系统，手机都有自带的计时器，这可能是出门在外最方便的选择。坐火车或地铁时，设个闹钟，既可以在车上休息，又不用担心坐过站。我用的是 iPhone，只要呼唤 Siri，就可以用语音下达指令。例如：提醒我下午 1 点出门，设定一个 25 分钟倒计时，设定下午 5:30 的闹钟。用语音输入的方式，比起调出软件，手工设定，又能大大节省时间。

电脑上的计时软件

我是用 Due 做电脑上的计时软件。Due 是一个专业的闹钟 APP，可以快速输入几个自己需要的闹钟，或设定倒计时，整个过程行云流水，更棒的是可以同步到 iOS 设备，就算离开电脑也能够提醒自己。

实体计时器

多年来，我都用实体计时器控制时间。我喜欢一次使用两个计时器，一个计算演讲何时结束，一个计算距离下一个活动还有多少时间。实体计时器的最大好处就是可以看到时间的逝去，手机和电脑计时器都无法随时看到剩余的时间，或者字太小。但是实体倒计时器有很大的界面，可以让你清楚地看到还剩多少时间。幸福行动家的“5S 生活”也设计出非常精美的实体番茄钟，在网络上有售。我的儿子们非常喜欢，做作业前就拿着番茄钟计时，因为他们写完作业就可以去玩电脑了。

长期使用计时器，就会训练出对时间的感觉，知道自己做一件事大概要耗时多久。训练好时间感对自己的帮助很大，很多上班族常加班，往往是因为做事情缺乏时间感，不知道自己到底要花多少时间才能完成任务。而拥有时间感的人常常能准时下班，因为他们知道何时做事情效率最高，也知道做一件事情须用时多少，善于安排时间，能在正确的 SWEET 时间做该做的事情。

本章练习

《番茄工作法图解》作者 [瑞典] Staffan Nöteberg

《番茄工作法图解》是一本排版和插图都非常棒的小书，读起来非常畅快。如果你按照我的方法使用番茄钟小有收获，想要了解更多，可以读这本书。这本书的中文译者大胖也是我的好朋友。

Just do it

薛红 – 香港

对于我这个摩羯座来说，本以为自己足够自律，似乎不是特别需要学习时间管理。但因某种缘分，我向永锡老师学习了时间管理。

一开始，我对于番茄工作法中每隔 25 分钟休息 5 分钟不太能理解。我在工作中可以专注很久，本来可以坚持 1 小时不间断，现在却让我 25 分钟后就休息 5 分钟，对于与时间赛跑的生命，这让我觉得是一种浪费。但我还是试着做了一段时间的尝试，一些美妙的变化和体验也随之产生。

以前投入到一项任务时，连续的作战会让我忘记自己、忘记周围、忘记喝水，时间久了，身体机能有很大的下降，颈椎疼、口腔异味。不仅是身体的问题，心理的压力也随着连续的工作而增加。因为自己给自己太大的压力与过于紧张，结果往往效率低。虽然在桌前坐了 1 小时，但仔细想想却不难发现，这 1 小时里也同时耗费了大量的时间去做一些其他的事情，如看手机、接电话，等等。大脑的思路也开始变得混乱，从而影响最终的结果。

但是自从用番茄工作法之后，我开始有意识地让自己在连续工作了 25 分钟后留 5 分钟的时间喝水、让眼睛休息、站起来、去洗手间。慢慢地，颈椎没有那么疼了，手上的事情不但没有因为中断而拖延，反而变得更加有效率，因为我变得更加专注了。

工作从容了，生活也变得从容了，与同事的关系也更加和谐了。

第七章
总结

可能更重要的问题是：我是否对真正重要的事情，安排了适当的时刻？

——彼得·德鲁克（Peter F.Drucker）

本部分内容围绕第一个习惯“先吃掉这只青蛙”展开，在最后我想提出一个听起来稍微跳脱时间管理的概念——风格比能力重要。这是我作为一个领导者，这几年来的体会。

一个人，无论做事能力多强，总是在人群中工作，因此要非常注意如何对待他人。要常常站在别人的角度来思考，而不仅仅是想着自己的利益，快点儿把事情完成，赶快下班。

FAST 原则除了可以帮你个人完成一天的重要任务，其实也可以管理一个团队的工作流程。

F，就是找出团队专案里最重要的事情有哪些。

A，就是列出整个团队专案的进度清单。

S，就是分配任务、切割任务，根据每个团队成员的能力去分配工作。

T，就是分配专案时间，让每个团队成员有时间去完成任务。

所以第一部分中的所有原则，一样适用于团队的时间管理，这一点值得大家好好延伸思考。

时间管理其实是一种领导者的训练。吃青蛙不是为了让大家成为完成工作的机器人，而是要成为懂得把控重要的事情、懂得留给自己更多时间的真正的人。

让我们从吃青蛙开始成为真正的自律者和领导者吧。

复习 FAST 四部曲

F：吃青蛙，要事为先

举伯利恒钢铁公司的例子是为了说明任务适量的重要，并说明了如何找出每日的青蛙、蝌蚪，介绍了如何将杂事加工成行动的语法公式，帮助挑选出每日的 5~7 只蝌蚪。

A：如何列出可执行的清单

使清单可执行的关键：列出的事情足够少，使用了杂事加工成行动的语法公式，不想行动时先吃蝌蚪的技巧。

技巧：保障清单执行完

介绍了一些清单工具。

维护清单需要付出努力，但可以帮助我们处理好自己的事情，也能提高团队效率。专注的空间不是一个人的事情，需要大家一起努力才能做到。

S：使用思维导图和九宫格，对青蛙进行拆解

面对复杂的“青蛙”时，我们可以拿出思维导图工具，在思维导图的树状组织中把青蛙进行细分，并且看出青蛙的脉络，找出最关键的行动。

面对需要严谨思考的任务时，在任何一张纸上都能开始进行九宫格思考术，有助于架构吃青蛙的正确流程。

T：番茄工作法

介绍了番茄工作法，说明“专注”和“休息”这两个番茄工作法的重要元素，列举三种运用方法，让我们利用番茄工作法，做好每天早上的例行事务，做好每天吃青蛙这项任务，并利用休息时间做好健身。

技巧：SWEET 原则及计时器的使用

增强我们的时间感知能力，知道何时工作效率最高，也知道做一件事情须用时多久，时间管理能力就是这样一步一步提升的。

领装备：八页小书

八页小书印刷版在“5S 生活”淘宝店有售。

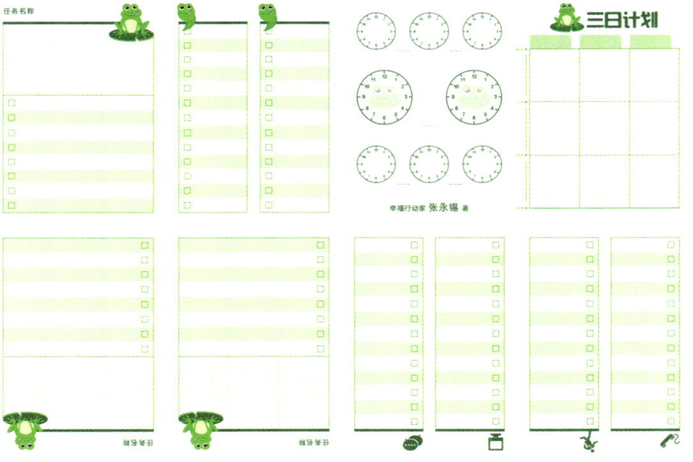

八页小书使用说明：

“八页小书三日计划”是我完善了多年的时间管理工具。

青蛙页面：专注于每日的重要行程，并先吃掉那只青蛙。

填入日期：填写未来三天日期

填入行程：分上午、中午、下午填行程

青蛙标记：标记青蛙（最重要行程）

行动清单：在行动清单页面中，依照不同动词写下行动清单，并分批处理。

电话清单：写下联络的人名事项。

外出清单：外出要完成的事情。

电脑清单：在电脑前要做的工作。

沟通清单：当面沟通时要说的事。

支援资料：支援资料让我们在吃青蛙或行动时拥有关键资讯，让做事有如行云流水。

任务名称：做事前先定义这件事情。

思维导图：可以在此处画思维导图或九宫格。

清单式：可以清单式列出事项。

贴便利贴：用便利贴扩增书写空间。

时间规划：标注时间并设定 SWEET 闹钟，这样就可以优雅地结束手上的工作，往下一个行程移动。

第二部分

清空收件夹

为什么有的人被杂事打败，总是抱怨时间不够、事情太多，工作与人生都充满压力，事情却一件也无法好好完成？而有的人却可以把杂事转化成动力，他们看起来同样忙碌，但忙得开心，忙得有目标，忙得有条理？差距就在于是否建立了时间管理系统。

这就是我常说的“做事靠系统，不能靠感觉”。而后者“心静如水”的境界也正是我们通过时间管理想要达到的，要建立系统，提高境界，从我们每天早晨最重要的清空收件夹开始。

第八章

清空收件夹：将杂事加工成行动

这个世界上的信息固然非常多，但终会被信息组成者宰制，这些人能在对的时间点，归纳整合正确的信息，批判性地思考，明智地做出重要决定。

——哈佛大学教授 爱德华·奥斯本·威尔森（Edward Osborne Wilson）

时间管理研习会的学员都玩过这样一个游戏，我们把它叫作“僵尸游戏”。每位同学用一张便利贴写下自己最习惯使用的时间管理工具名称，把它粘在额头上，然后寻找和自己使用同样工具的伙伴，组成使用同样工具的小组。

在大陆，人数最多的组是印象笔记、为知笔记、有道云笔记，接下来是滴答清单、奇妙清单、Omnifocus、纸质手账等。也有一小部分不确定自己使用何种工具的同学，自成一个小组。之所以做这个互动，是为了让大家梳理自己在时间管理系统中是否使用了很多工具，其中最习惯使用的工具又是哪些。系统最理想的状态是只有一个常用工具，最多也只有两三个常用工具，因为如果再多了就等同于没有。

一个人可能拥有电子邮件、笔记、日程表、行动清单、任务清单、各类数据库等时间管理工具，如图左边。但若无法构成井然有序的系统，就会使人觉得工作中充满杂事，无法推进任务，所以需要学习“清空收件夹”。清空收件夹，就是通过将杂事加工成行动，建立一个贯通收件夹和行动提示的系统。

将杂事加工成行动，并且不断调整到一条高速铁路上，从杂乱的道路到最后用高铁的速度直线飞奔，效率自然大增。而这条高速铁路，需要有一个强力的火车头，也就是图右边的剑。

捅人利器

接下来的练习，我们会从杂事的收集、三种收件夹、分批加工杂事成为行动、建立杂事加工成行动的系统、运转杂事加工成行动的系统，一步步来探讨与练习。

我希望各位读者，练就清空收件夹的一流身手，若是以火车的速度来做比喻，没办法做好清空收件夹的人，是绿皮车的速度及服务等级，能做到清空收件夹的时间管理高手，则是高铁的速度及服务等级。

原本我们的系统像前页图左方一样分散，所以杂事永远是杂事。但是经由每天早晨清空收件夹的过程，我们可以像前页图右方那样，将之收纳到一把宝剑上（我称之为“捅人利器”），最后和第三个习惯构成“STAR神盾系统”，组合成高效率的时间管理系统。

清空收件夹分三步：收集杂事、将杂事加工成行动、贯通收件夹与行动提示系统。

清空收件夹三步骤

第一步：收集杂事

面对日益增加的会议、电子邮件、会谈笔记、电子及纸本文件、电话会议、各种想法等杂事，我们可以借助收集杂事的习惯让自己的工作逐渐走上轨道。这就是第九章，收集杂事的力量。

要清空收件夹，首先要有好用的收件夹，第十章我会针对目前读者的具体需求，讨论如何管理好即时通信工具、电子邮件及笔记本三种收件夹，并进而建立好的收件夹系统。

收集杂事这个流程，由收集杂事的习惯及建立收件夹系统两个部分构成。练好这个流程的益处是，让杂事进来的同时，立刻放到收件夹，继续专心在眼前的事情上，并且因为杂事放在头脑以外的地方，也能够降低心理上的压力。

第二步：将杂事加工成行动

杂事还不是你的行动，在第一个习惯中，我们已经提过要找出任务的下一步行动才是关键，否则任务永远不会被执行。

在第八章，我们会学习“将杂事加工成行动”的语法公式，可以说是把杂事一件件加工成行动的技巧。再配合分批处理的方法，加快清空收件夹的速度，打造一条由杂事收件夹进化到行动提示系统的“高速铁路”。

练好这个流程的益处是用标准的流程来处理杂事到行动的转变，并且借由语法公式、建立系统、“捅人利器”等方法，持续打磨这把利器，处理起杂事就能快如闪电。

第三步：贯通收件夹与行动提示系统

在第十二章中，我提供了时间管理帝王表，供你分析自己的现有系统，了解收件夹系统（Input，分实时讯息、电子邮件及笔记本三类）的各种工具，也思考行动提示系统（Output，分成 S、T、A、R 四类）的各种工具。

然后我们就能选择出可以贯通两个系统的工具，接着挑选出清空收件夹的路径图，最后用第十三章中“捅人利器”原则，分批处理杂事、清空收件夹。

练好这个流程的益处是建立自己的系统后，就可以持续学习，让整个时间管理系统有效率，从每次的收集、加工、组织不断提升，事情不仅做得更好，而且更快。

学习好“清空收件夹”的三个流程，就是练习三个基本功：首先，管理好杂事收件夹系统；其次，架构好行动提示系统；最后，清空收件夹，贯通从杂事到行动的高速铁路。

让杂事有明确可以放置的地方，有明确的流程让杂事变成行动，最后做事的速度与质量因为有良好的行动提示系统而得到提升，这就是清空收件夹的目的。

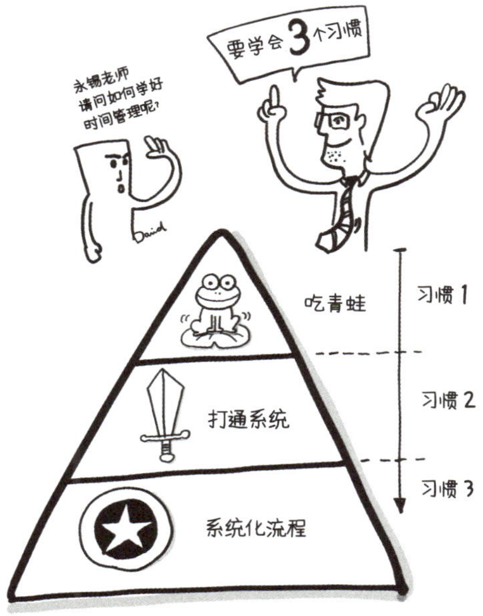

由本书手绘图设计者 David 所创作的这幅图，展示了一个人如果拥有本书的三大习惯：吃掉青蛙、清空收件夹、有能力把输入的杂事加工成输出的行动，就会成为一个幸福、高效率的人。

时间管理的高手能运用合适的工具，架构出清空收件夹的流程及工具系统，分批将杂事加工成行动，成为未来世界的“信息组成者”。各位“信息组成者”，加油！

本章练习

1. 思考本章所附图的意义。

2. 检查自己的房间和办公桌是否被杂物填满；思考自己的大脑是否被杂事填满。

3. 放下固有的成见和担忧，只留下好奇心，准备一起进入打造时间管理高速铁路的练习。

延伸阅读

《搞定》(*Getting Things Done*) 戴维·艾伦 (David Allen) 著

我 2008 年去美国向戴维·艾伦学习，后来这本书每年都要翻几遍。书中扼要介绍了时间管理领域的经典系统 GTD 以及实施的方法。不过这本书有点儿厚，想要详细了解 GTD 的可以仔细阅读。

第九章
收集杂事的力量，让工作品质提升段位

即使是在正确的道路上，如果只是待在原地，你也会被超越。

——威尔·罗杰斯（Wil Rogersl）

工作七年终于混到经理级了，春风得意之余，新晋经理暗暗下决心要不负众望，做出些成绩来。

今年，随着公司的业务发展，老板任命经验丰富又踏实肯干的他做部门经理。这样一来，他不仅职位提升、薪资翻倍，手下还管着三个员工和实习生。谁知道，新官上任三把火还没烧起来，新晋经理就开始感到对各种状况应接不暇。

他早晨刚坐到办公桌前，内线电话就响起来。“上午帮我做 A 产品的品牌宣传资料 PPT，我下午急用！”啊，这是老板的需求，得赶快满足。新晋经理连忙向手下交代如何收集 A 产品的资料，由手下做初稿，以便有时间修改，午休前能提供给老板。

正交代到一半，电话又响了。“我是市场部，早晨给你发了个邮件，关于 B 产品的市场计划，你抓紧回复哦，我等着你的回复继续修改方案。”放下电话，新晋经理对手下说：“你明白大概意思了？先去做吧。”然后急忙打开邮箱回复市场部的邮件。

邮件刚写了个开头，实习生来到工位前：“老大，您昨天安排我做的数据表，我有些弄不明白，能不能再给我讲一讲？”新晋经理挠挠头，看着实习生诚恳的眼神，只好说："拿上笔记本电脑和资料，我们去会议室说。"

新晋经理给实习生讲完数据表，回办公室的路上，正碰上 HR 端着茶杯从饮水间走出来。"我正想找你呢！我在整理上个月的考勤。你们部门有几位员工的外勤记录需要你签字。快跟我来一下！"新晋经理只好跟着 HR 去人力资源部，核对部门考勤并签字。

"终于忙完了。"新晋经理回到自己的工位，长舒一口气。他一看手机上的时间，立即又蹦了起来，都已经 11:15 了。"资料整理得怎么样了？"一个箭步冲到手下的工位前，有如一只狐狸威逼着小兔子。"资料太多了嘛，还没有弄完。"小姑娘哭丧着脸，把 Word 文档展示给他看。"你先发给我，我还要做 PPT！"新晋经理急不可耐地催促道。

12:45，新晋经理终于完成了老板要的 PPT。同事们早就外出吃午饭去了，他这才发现自己忙了一上午，连外卖都忘了订，只好打电话请同事帮忙带个盒饭回来。自己打开邮箱，深吸一口气，继续写给市场部的回信。

向我描述完一个寻常上午的经历，新晋经理叹了口气："如果不改变这种状况，自己就变成杂事的奴隶了。"

新晋经理遇到的这种苦恼太常见了，我略作沉思。

将杂事放在头脑之外

首先我向新晋经理展示了一张自己的办公桌的照片。照片上，若以“我”的视角为主视角，大办公桌上最显眼的只有一台 Mac，Mac 后方是我的收件夹，左方有一个本子，右方有一个水杯和几件文具。每种东西都有固定的位置，这样我工作时不用思考就能顺手拿到想要的东西。

“比起您的办公桌，我的可真够乱。”他挠挠头。

“我要和你说的可不只是办公桌。每天涌入的杂事就像空间里的杂物，不予以收纳就会占用你的注意力。”

现代人每天都生活在信息流中，杂事随意放在头脑内，就是任由大量未经收纳的物品占据着有限空间，想找到有用的信息很难。

什么是杂事？杂事就是我觉得我有责任做，但是“还没厘清下一步行动”的事情。

什么是收集？收集就是把没想到下一步行动的事放在“头脑以外”的地方。

之前我们学习过吃青蛙的技术，这在突发状况少的一天很容易实施。但是有些人的工作性质决定，我们每天有很多不可预期的邮件、文档、会议记录、电话、想法，再加上移动终端设备的便利，使得我们反而更加容易被打扰。结果就是我们努力加班来处理杂事，但是一天都在处理“紧急但不重要”的琐事，无法把重要任务向前推进。而那些来不及处理的杂事，就放在新晋经理的头脑里，难怪晚上也睡不好。

将杂事放在头脑之外，才能有空间和精力推进重要任务。因此，收集杂事并放在头脑之外的收件夹中，就是我给新晋经理的第一个建议。

提升杂事品质的自我检核表单

我请新晋经理拿出一张白纸，将他常见的工作场景记录下来，进行分类。大脑喜欢将新事物自动地与以往熟悉的事物进行对比，分门别类。将以往的杂事种类进行分类，可以提高新涌入杂事的处理速度。

杂事的种类	说明	如何提升杂事品质
当面沟通	对同事的承诺	开会或对话前需要提前规划
	开会的发言	做出承诺要写下来
电子邮件	职场中正式的沟通方式	发送时要谨慎，必要时请上级或前辈过目后，再发送邮件
电子文档	项目文档、部门规定、合同、幻灯片文件等	建立资料库，整理各种文档
纸张文件	书面公文、单据票据等	利用透明文件夹分类处理，整理一份档案清单，了解自己手上的文件
电话	微信等即时通信工具，打入的电话	降低对即时通信的依赖，并把对话及电话中的承诺，记录到收件夹中变成行动提示清单
各种灵感	想做而未做的事情，对计划推动的想法，设计产品的草图等	收集到灵感收件夹中，定时整理

养成杂事立即收集的习惯

不应该让高品质的杂事停留在我们脑中造成干扰，而应该立刻“收集”起来。收集好了，我们就可以先忘记这些杂事，处理手头任务，等有空时再去关注已经收集起来的杂事。我打开手机，把我一天内记录的杂事展示给新晋经理看：

帮家人买早餐，每人点菜清单
A 厂商希望的某产品修正细节
写书时附图的涂鸦笔记
设定了上午电话会议的闹钟
和同事一对一的谈话记录
附近一家好餐厅的名称

记录的杂事包括了对自己或他人的承诺，也可能是脑中浮现的有趣、有价值的想法，或是一些内心的感受、异想天开的计划、需要定下时间提醒自己的事情等。杂事一出现，立刻收集起来，本来的工作只被打断一下，但记录下杂事后，立刻就把注意力转回原本的青蛙。

脑神经科学家的研究表明，人类每次进行注意力切换时，都必须激活不同的神经回路。也就是说，切换任务需要启动时间。在密歇根大学的一个实验中，被试者要完成识别不同形状的任务和解数学题的任务。比起先完成一项再完成另一项的被试者，被迫两项任务来回切换的被试者，效率降低了 50%。放下进行中的事情去处理新事，像兔子一样跳个不停，是高效工作的大敌。

培养把杂事立即收集起来的习惯，就是为了当有杂事和新任务涌入时，不需要切换任务。因为已经习惯了随手记录杂事，杂事一浮现，手中已经拿起纸笔或手机，记录下这件事，却不让它停留在脑中，念起即觉，觉已不随。

“如果我也养成了收集杂事的习惯，就算是做好时间管理了吗？”新晋经理听得很用心，提出的问题也很棒。

“当然没那么简单。我的经验是，不只把杂事放进收件夹，还要能用标准流程清空收件夹，反复练习后，时间管理能力自然提升。”我回答道。

不过，学会收集高品质杂事是将时间管理提升到下一个段位的关键第一步。当练好每天吃青蛙的习惯，却没有清空收件夹，每天的视线就停留在“日”的层次。若是从收集杂事开始，学会了清空收件夹，时间管理能力就可以从吃青蛙提升到任务管理，也就是“周”的层次。

过了一个月，我又见到那位新晋经理，这次他的表情轻松多了。“杂事进来，先放到收件夹，还是尽量先专注吃青蛙，等到有了空当，再来处理，这样真的少了很多干扰和担心，整个流程也逐渐走上轨道了。”

本章练习

你也有新晋经理一样的困扰吗？请拿起笔，在下面的表格中分析杂事种类及如何提升杂事品质。

杂事的种类	说明	如何提升杂事品质
当面沟通		
电子邮件		
电子文档		
纸张文件		
电话		
各种灵感		

第十章
玩转收件夹

仔细估量自己想要达到的目标的重要性，以便使自己对该目标的关注既不超过也不少于它的实际需要。

——古罗马哲学家　西塞罗（Cicero）

小时候，我觉得爸爸的衬衫口袋很神奇。无论在办公室还是家里，他想到一些事情时，就会写一张小纸条，塞进口袋里。有空的时候，他就从口袋里把这些纸条拿出来，看哪些事情需要处理。

只要拿出纸条，就拿一支笔思考那些事情的下一步行动，写完满意了，再放回口袋。直到所有拿出来的纸条都加工过他才肯休息，也有些纸条上的事项已经完成了或不用处理就丢掉。

他常和我说，这是他的“收件夹”。

爸爸的口袋“收件夹”虽然简单，却非常有效。在他担任公司董事长的那几年，他就靠这简单的系统，管理了工作及生活上大大小小的事情。现在回想起来，开玩笑地讲，虽然当时在台湾还没有时间管理的概念，但是我后来痴迷于此，可是有“家学渊源”的。

我幸运地赶上了全球科技爆炸式发展的年代，现在的电子技术比爸爸年轻时不知先进了多少。要管理好“收件夹”，我们已经不需要再往口袋里塞小纸条了。那么，在这个年代，如何管理好自己的“收件夹”——管理好手机里的信息、电子邮件及笔记本，大家准备好了吗？

收件夹一：即时通信

或许是因为在工厂待过，爸爸对电子产品非常感兴趣，在这方面很舍得花钱。除了送过苹果电脑给我和弟弟之外，有一次他到内地出差还曾经帮我的朋友办了一部移动电话，这在当年可是很少有人使用的工具。

“这样当他要联络别人时，才会更有效率。”当时他是这样和我说的。

现在的即时通信工具主要是微信。微信看似给我们带来了便利，但是，我和很多老朋友却严格、规律地控制对它的使用，尤其在工作中。我们为什么要这样做呢？这样的即时通信工具之所以很难成为高效率的收件夹，原因如下：

A. 群组多且生命周期短

即时通信工具中往往有很多群组。校友群、参加某个活动临时建的群、某项共同爱好的群等，不胜枚举。一群人，因为一件事情而聚集在一起，过一阵子，任务结束了，群组还存在。这些群组中难免有人闲聊，事情讨论效率也不高，其实都是时间黑洞，进去了时间耗费高，产出却不大。要把微信等即时通信工具当作收件夹使用，群组就不能无止境地增加，必须有“生老病死”的周期，不然就一定缺乏效率。

B. 沟通非正式

我们很多人是在走路、上厕所时使用微信，此时难以集中注意力做周全思考，往往没有经过深思熟虑只是随口答复。做出承诺无法兑现，因此也容易产生争执。同时，双方回复的内容可能是语音，而且彼此可能有时间差，不便于一目了然地理解和回顾。因为缺乏工作场景的支持，注意力又很容易被其他群组抓走，因此微信不是一个正式沟通的场合。不信，你用微信和女朋友分手试试？所以，正式的事情还是根据具体情况，改为通过电话、邮件、面谈的方式沟通更为妥当。

C. 决议效率低

当群组里的人超过三十人，没有明确的规范，很容易在大群中产生许多小团体，让群里面的气氛变得复杂。在群组中商量事情，陆陆续续好几个小时甚至一天有人留言，但是没有人给出结论，实在不是议事的好方法。

因此手机上的即时通信工具虽然便利，但是如果单纯地使用它，而没有将里面的“杂事”加工成下一步的行动，并放在即时通信 APP 之外的地方，就很难产生高效率。

把即时通信的杂事，加工成下一步的行动并做好收集。

收件夹二：电子邮件

我爸爸后来离开生产部门，开始担任管理职务，有很多文书工作。我记得小时候，坐在他的办公桌上，眼前总是一摞一摞的文件、档案、信件。回想起来，脑海里出现的总是他戴着眼镜，拿着一支红笔，批注文件的专注表情。而在我们这个时代，公司内外联络最常用的方式，就是“电子邮件”。

电子邮件，就是时间管理高手要管理好的第二个收件夹。接下来分享我管理自己的电子邮件收件夹的几个秘诀。

A. 善用搜索

各品牌的邮箱大多配有搜索功能，有的人可能很少使用，其实善用搜索能为我们节省很多翻找历史邮件的时间。通过搜索功能，邮件即使没有归档，只要回想一下关键词或收到信的日期，也可以迅速找到。

B. 垃圾邮件

现在广告邮件比较多，混在收件箱中会占用我们的注意力。邮箱自带的防垃圾邮件功能能够自动过滤促销广告等垃圾邮件。若偶有“漏网之鱼”，可以通过拖动的方式，把这封信件放入垃圾邮箱，并选择把来自同一发件人的邮件默认为垃圾邮件。

C. 设置分类文件夹

我在电子邮件系统中新建了一些文件夹，这样就可以把邮件从收件箱中移出来，整理下一步行动。

创建一个名为“行动”的文件夹，用于存放需要下一步行动的邮件；一个名为“等待”的文件夹，用于存放等待回复、委托他人办理的邮件；一个名为“参考”的文件夹，存放作为参考资料的邮件。

所有的邮件都可以分类至这三个文件夹，而后收件箱就被清空了。完全无用的垃圾邮件直接删除，节约空间，想要保存但无须采取行动的邮件移入“存档”。

收件夹三：笔记本

爸爸能写一手好字，相比之下我的字就丑得要命。但是和爸爸一样，我也喜欢记笔记，而且我认为笔记正是我最重要的收件夹中的第三种，笔记本有纸本和电子APP 两种形式。我用四种工具做笔记。

纸本

虽然字丑，但我还是喜欢笔尖划过纸面的感觉。最初我喜欢用思维导图，最近几年越来越爱用九宫格。笔和纸本的搭配，因其最便捷，能激发创造力，始终无可替代。不过我在纸上做了笔记后，会给它拍照，之后存进我的电子化收件夹。

手机上的笔记 APP

其实在手机上用哪一款 APP 完全可以依个人喜好选择，重要的是，使用手机可以随时记下一闪而过的灵感，图像的思考，需要拍照的场景等。

平板电脑上的 APP

我使用 iPad Pro 来做电子笔记本，超大的屏幕可以浏览，长时间的续航能力，加上可以涂鸦手写的功能，可以批注文件，对于我的写作及制作幻灯片都很有帮助。

电脑笔记

我写作、制作幻灯片，或者分析一个任务时，会打开笔记本，将之作为收件夹，记录大量的点子。而 OneNote 这样的笔记 APP 可以在手机、平板与电脑上同步，我就可以用同一款软件的不同平台客户端，来处理不同情景的笔记收集。

以上我们介绍了三种收件夹：即时通信、电子邮件、笔记本，并介绍了让这些收件夹更有效率的方法，因为这三个收件夹和生产力息息相关。

除了这三种常用的收件夹，我在时间管理帝王表中还保留了“其他收件夹”，因为工作性质的不同，可能有无法用上述几种形式收集的杂事。比如，有人工作时需要收集大量录音，有人工作时收集照片较多。此外，实体收件夹也是必不可少的，因为现在纸质文件、实物还是不能被完全替代的。我在办公桌上放置一个木制托盘作为实体收件夹，出差时也会携带一个塑料文件夹作为实体收件夹，随手收集别人给我的票据等，过后再加工整理。

我的爸爸虽然把衬衫的口袋当作收件夹，但是他会反复检视里面的纸条，加工成行动，第二天带到公司去推进。而我是把手机的即时通信、电子邮件、笔记本组成收件夹系统，并用每天早上吃青蛙、写晨间日记的检视习惯，不断将杂事加工成行动，让收件夹系统运作良好。

单单把杂事放在一起，只是将烦心的事情放在找得到的地方，接下来我们还需要“加工”及“组织”，这就是我们下一章要深入讲解的部分。

“加工”是把收件夹系统收集的杂事分批加工成行动。

“组织”是把加工后大量的行动提示分别放到日程表、任务管理、行动清单、参考资料库里，当需要时可以快速取出。

换句话说，我们要做的不仅是将杂事收集到收件夹，还要把收件夹组成系统，最终和行动提示系统打通，这样才能把个人或企业的任务管理高速铁路构建起来。

本章练习

找至少 1 小时的安静时间，在 A4 白纸上写一切出现在脑海里的杂事。所有悬而未决的念头都会耗费你的精力，把它们写在纸上有助于清空大脑。这也是一个收集杂事的过程，这些杂事将用于后面章节的加工练习。

Just do it

5S 生活 – 珠海

幸福行动家“5S 生活”是一位高效能妈妈，她一边带孩子、打理家庭生活，一边经营自己的淘宝店铺“5S 生活”，销售专注时间管理和空间管理的商品。

纸质本非常方便一边带孩子一边记下想法，写写画画，所以她使用纸质本作为收件夹。

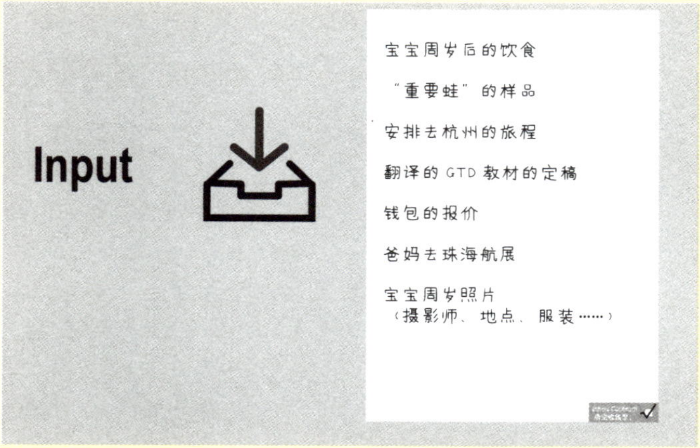

第十一章

加工杂事语法公式：从杂事到行动的高速铁路

人生中一半的麻烦源于答应得太快，拒绝得太慢。

——格雷戈·麦吉沃恩（Greg Mckeown）

我家老大是个铁路迷，我曾专门带他到日本参观铁路。

“爸爸，我发现了一个秘密。”一天，老大跑到我身边一本正经地说，“我知道为什么在台湾建造高速铁路很重要了。”

“说说看。”原本在阅读的我听到儿子要发表想法，就放下手头的事情，专心倾听。

“就像把杂乱的电线，‘束’在一起，这样就很整齐。高速铁路系统把北、中、南往来交通原本低效率的移动方式，‘束’成了一个高效率的公共运输系统。”老大开始滔滔不绝地说出他的见解。哇！还真是不简单。

我也想起小时候，从台中到台北，平均要花上三四个小时搭火车。现在只要一个小时就可以抵达。我们贯通“收件夹系统”及“行动提示系统”，需要的正是这样一个高速铁路系统。这个系统就叫作**将杂事加工成行动**。

我们在前面的章节中，已经学会了收集杂事。但仅仅学会收集是不够的，还需要加工，才能放入行动提示系统。

加工杂事的语法公式

我们从小学起就开始学习英语语法公式，譬如“ask sb. for sth.”，只要把里面的某人、某物、某事替换成你想要的，就能造出简单句。同样，当我们描述一件杂事时，若缺少语法，这件事就无论怎样都无法被推动，但是如果用语法去描述它，这件杂事在大脑中就变成了行动。

主语 + 动词 + 宾语 + 宾语

主语：

主语就是做这件事情的主体，具有主动性。如果主语是我，那就是我执行；如果是别人，那就是授权给别人执行。当主语是我时，一般会省略掉，比如“打电话给 Kris 问明天的见面地点”。

动词：

在你的任务描述里加入“动词”，也就代表你要做的动作。时间管理中有五种动作最常用：

1. 打电话：如今说到电话，主要是指手机。现在手机俨然成了人的一个器官。出行时你借助它查找路线，使用 Uber 搭车，购买商品；需要与人沟通联络时，手机能够帮助我们穿越空间的阻隔。所以，无论是打电话还是使用微信等 APP，都可以将“打电话”作为动词。

2. 当面沟通：虽然 FaceTime 很方便，但是电话沟通毕竟和见面不同。在人类的交流过程中，只有 35% 的信息是通过语言传达的，其余 65% 是通过微表情、肢体语言，甚至服装等表达的。所以当面沟通仍是无法被取代的，对于重要的事情、重要的人，要尽量用当面聊的方式。

3. 外出：有些事情需要离开家或办公室才能处理，就可以用这个动词加工，列成清单，外出时一并处理。

4. 电脑：有些需要大量打字，或者处理图片、视频等，对软件要求更高的事情，还是需要用电脑来完成，就用这个动词来加工。

5. 思考规划：有些事情需要进一步的规划，可以用此动词加工，例如思考并列出今日的青蛙，思考下午商务谈判的计划等。

第一个宾语：关键人物

将杂事往预定结果推进的关键人，也是我们动词的接收对象。例如打电话给奶奶，和老板当面沟通，发电子邮件给老师，等等。

第二个宾语：往预定结果推进所需要的东西

行为的目的大多是获得关键信息。例如打电话向奶奶询问体检结果，和老板当面沟通到美国出差的行程，发电子邮件向老师确认论文大纲。

上述的杂事加工语法，让我们有一个加工杂事的SOP（标准作业流程），这样才能自动化处理杂事，加工成各种行动提示。

不仅如此，使用动词库来加工杂事，就能把相同动词的行动提示“束”在一起，成为行动清单，有助于分批处理。比如列出外出清单，就可以一次出门，同时办很多件事情。这样的益处当然是效率大大提升。

分批将杂事加工成行动

沙里淘金。

——唐·德行禅师《四字经》

学习了杂事加工成行动的语法公式后，试着做一些练习。先举一些生活中常见的杂事，接着设想预期结果，然后用“语法公式”把杂事写成可以达到预定结果的具体行动。

练习分批处理，就像沙里淘金。谨慎思考要处理哪些杂事，用高效率的收件夹系统收集，并且运用公式来分批处理杂事成为行动，工作及思考的压力降低，大脑用于产生更多高品质的创意想法。

杂事	成果	行动提示
日本旅游	全家到日本搭乘新干线	上网查询有没有新干线的主题旅行团
半程马拉松	10 月顺利参加半程马拉松	打电话给 L 君请教训练事宜
清华演讲	完成下个月的清华大学演讲	发送提纲及注意事项给主办人
护照过期	顺利到香港和客户签合同	到照相馆拍证件照
下个月研习会	完成 ×× 届研习会活动	订往返北京的机票

提升高速铁路的运载能力

通过学习将杂事加工成行动的语法公式，并练习分批加工，我们的铁路已经“初具雏形”，而要提高铁路的运载能力还须多方面地提升。

加工杂事的语法公式：收件夹系统中大多数的杂事，都可以运用这个公式，迅速地加工成行动提示，放到行动清单中。这就是高速铁路，就算再多的杂事进入收件夹系统都能快速统一处理。

“捅人利器”：杂事加工成行动的过程中有四种处理方式：马上丢弃、立刻行动、授权他人、放入行动提示系统，我统称为“捅人利器”，善用之，可以大幅减少杂事。

每周检视：每周检视一次这条“高速铁路”上的每个收件夹，确保高速铁路畅通无阻，提供高品质的服务。

下一章开始，我们将了解系统和“捅人利器”，而每周检视将在本书最后一部分展开。

本章练习

练习将日常的杂事加工成行动的过程，记得使用前面学会的语法公式

杂事 成果 行动提示

第十二章

时间管理帝王表：发现从杂事到行动的缺口

在约束中能感到自如，那你就是自由的了。

——罗伯特·弗罗斯特

我有一位有十几年交情的好友，因为做服装生意，我们称她为时尚姐。三年前，时尚姐趁着孩子大了，出来二次创业，没想到生意不错，小小的童装店，从一家扩展成两家，请了几名助手，越来越忙。她常常需要出差，一方面出国进货，一方面也做品牌代理，需要拜访经销商。

这天她特别约了时间来拜访我，说是自己的时间管理做得不好，要好好向我学习。好友来访，我也安排了两个小时，准备好好听她说自己的问题。一进门，寒暄了几句，她看着我的办公桌，说："老师，我也学你开始使用苹果电脑了，家里和店里都是。"时尚姐先说她的改变。

"你的手机也是吧？"我问了一下。

"对啊，我有 iPhone 和 iPad，常常把照片传送到电脑，这样助手也好处理照片。"

"好棒，这就是清空收件夹。照片在手机上，是资料处理中的 Input，处理的效率较低，清空收件夹就是把照片传到电脑里，这样小助手才能帮你快速做出美美的照片。"我接着她的话说。时尚姐的店里，有一位美工技术很棒的同事，帮助她把照片加工成漂亮的销售网页。

“而你的日程表、任务清单、待办事项、公司的主页、博客文章这些都是 Output。你从各种地方 Input，经过加工，成为 Output，这个动作越流畅，你的时间管理能力就越高。”

我一口气说完，然后拿出一张“时间管理帝王表”。

LINE：检查自己的收件夹系统（Input）

我先请时尚姐填写表格左上方收件夹的部分。这部分就是“Input”，代表杂事储存在什么地方，也就是我们前面提到的即时通信、电子邮件、笔记的储存处。

一方面我解释即时通信、邮件系统、笔记的意思，另一方面时尚姐写下她所使用的收件夹工具，下面就是她填写的内容。

<table>
<tr><td>L</td><td>FB、Line、微信、Kakao Talk</td><td rowspan="4"></td><td rowspan="4">Google 日历
（拍照）</td></tr>
<tr><td>I</td><td>Gmail</td></tr>
<tr><td>N</td><td>笔记本（2 本）</td></tr>
<tr><td>E</td><td>手机中的照片</td></tr>
<tr><td colspan="2">捕人利器</td><td></td><td>⇩</td></tr>
<tr><td>S</td><td>笔记本（日、周、月行程）</td><td rowspan="4"></td><td rowspan="4">Google Keep
Outlook
Euernote</td></tr>
<tr><td>T</td><td>更大的笔记本（紫）</td></tr>
<tr><td>A</td><td>M 牌笔记本</td></tr>
<tr><td>R</td><td>FB 主页、公司主页、Blog、促销网站等</td></tr>
</table>

即时收件夹（L，Line 等即时通信工具）

时尚姐使用中国台湾常用的即时通信工具 Line、Facebook（粉丝会产生采购行为）、微信（服务中国内地客户）、Kakao Talk（韩国出差使用）。

邮件收件夹（I，Inbox）

时尚姐使用的是 Gmail 系统。

笔记收件夹（N，Note）

时尚姐得意地秀了秀她的两本笔记本，有高级的 M

牌笔记本记录每日、每周的大事情，还有一本紫色笔记本，记录店铺经营的各项事宜。

其他收件夹（E，Extra）

我提醒时尚姐，她手机里拍摄的大量服装照片，也算是一种杂事。她想了想，在其他收件夹位置写上“手机中的照片”。

“没想到我要管理这么多收件夹，我的手机和笔记本真的要好好整理了。”写完之后，时尚姐惊呼。

“这还算少呢！”我微微一笑。

信息和噪声（Signal&Noise）是时间管理一个重要的概念，我们需要信息来帮忙推动任务，但是信息里面若夹杂着太多噪声，那么决定下一步行动的时间就很长。

比较好的方式是进行“资讯压缩”，去掉噪声，只留下主要信息，并加工成下一步行动，这样信息就被压缩了。这些信息传送给团队里的其他人，并依照行动提示执行，效率才能提升。

我们要传送行动，而不是传送夹杂一大堆噪声的杂事，这就是“清空收件夹”的目的。

STAR：检查自己的行动提示系统（Output）

接着，我请时尚姐继续填写表格左下方行动提示系统的部分。这部分放的是不同类型的行动提示，算是Output。杂事加工成行动之后，会存放在这里。

行动提示系统包含了S、T、A、R四个分类。时尚姐思考了一会儿，开始填写。

日程表（S，Schedule）

时尚姐指了指她的M牌笔记本，这是她今年的日程表，记载每日、每周、每月的行程。

任务管理（T，Task）

时尚姐拿出很厚的紫色笔记本。上面记录了她从创业以来，公司大大小小的计划。“我家还有一本用完的，绿色的，一样厚。”时尚姐补充道。

行动清单（A，Action）

用的还是刚才的 M 牌笔记本，记录今天或近几天需要做的大小事情。

参考资料库（R，Reference）

时尚姐打开电脑，说明 Facebook 主页、公司主页、博客、促销网站等的资料库。

我浏览时尚姐的行动提示系统（Output），里面既包括纸质的笔记本，也包括电脑里的资料库。我心中暗想，难怪效率低，从纸本到电子文档，这需要大量的誊写时间，每天抄抄写写和同事沟通，就要花上不少时间。

一开始，人们凭着大脑记忆来做事情，面对面口语沟通；慢慢地事情多了，开始用笔记本来记录整理，用电话或微信讨论。但是像时尚姐这样的例子，需要移动办公（出差或出国），和不同分店的员工沟通，纸笔的资料传输缓慢，查找旧的档案也不便，交代给同事的事情常常有遗漏，就需要花更多时间开会、电话沟通，增加许多不必要的时间成本。

STAR：选出核心工具，打通两个系统

“我对你清空收件夹的工具及方式，已经有了大致的了解。”我端详着时尚姐填写的表格，“接下来，我想问的是，你从这张表来看，觉得自己在时间管理方面最大的难题是什么？”

“我懂了，我懂了，我发现我时间管理的问题所在了。”时尚姐突然拍了一下巴掌，把我吓了一跳。

“以前我买了很多漂亮的笔记本，手机也下载了很多 APP，不同的资料放在不同的地方，要找的时候可麻烦了，花费大量时间。还以为自己工作很认真，其实不折不扣地效率低下。”

“好棒，自己发现问题了。”时尚姐真的好聪明。

“现在，我知道清空收件夹的概念，只要建立好收件夹系统，并全部转成行动提示系统。”时尚姐眼睛发亮，话也越说越快，“把客户的要求，加工成一个又一个行动，放入行动提示系统。店里的帮手，就可以按图索骥地推进，我就不用这么辛苦了。”

“没错，**收件夹系统是 Input（也就是表格上半部），行动提示系统是 Output（也就是表格下半部），若是能**

打通两个系统，并搭配合适的工具，这样时间管理的效率就能大增。”

时尚姐点点头说：“自从店里买了苹果电脑之后，员工和我的手机、平板的资料，就可以往上放，这样各分店的同事和合作伙伴共享资料很方便，也清空了手机、平板的收件夹。这张分析表里那么多工具，有没有一个可以像苹果电脑一样可以连接 Input 和 Output，让大家配合工作更方便、更有效率呢？”

“你觉得如果有一个工具，会带来什么好处呢？”我希望引发时尚姐自己更深入的思考。

“有一个核心工具，这样 Input 信息像是公司邮件、Facebook 上粉丝的留言、微信上的信息，都可以记录上去。收件夹清空，大家同时看到客户的需要，我们也能提供更好的服务。”时尚姐畅想着团队井然有序的工作场景。

“依照这个思路，那你觉得目前系统最需要改善的关键点是哪一个？”我继续抛出问题。

“我现在使用的 M 牌笔记本虽然能让我厘清思路，但是加工完成的行动提示，只有我自己知道，这样子整个公司的进度推动，就都卡在我一个人身上。”时尚姐显然已经想明白了问题的关键所在，语速越来越快。

“那你要如何做出改变呢？”快要接近答案了，我按捺住内心的期待，给出时间让她独立思考。

“我需要改变，要找到一个方法及工具，能够把我想要采取的行动，快速让同人知道。甚至我的店长们自己也能决定下一步行动。我们需要一个共享的行动提示系统。这就是老师说的‘Output’。对，永锡老师，你帮我介绍一个工具吧。”时尚姐想通了自己需要什么，高兴得手直比画。

想打通收件夹（Input）和行动提示（Output）这两个系统，就需要让不同收件夹内的杂事加工成行动，收件夹也就随之清空了，接着把行动提示放在日程表、任务管理、行动清单、参考资料库等不同的地方，这样自己或团队成员就可以迅速获得资料，提高效率。

“永锡老师，我决定要改变，好好学习新工具，因为不改变，对手就会超越我。”时尚姐下定决心，一字一句认真地说。

“好的，选择工具，我们必须做更多的考虑。”我说。

因为时间管理的工具非常多，我们先大致分为四类，分别是日程表、任务管理、行动清单、参考资料库，也就是 STAR 系统，在本书的 152 页我会详细介绍它的概念。

“考虑一下，在你的工作场景中，你觉得这些工具中，加强哪一种工具的管控能力，会对公司有最大帮助？”我对时尚姐说。

“以长久而言，我需要任务管理能力（T），但其实我在任务管理领域还只是个小白，我会先加强日程表（S）和行动清单（A）的能力。”时尚姐认真思考后给出答案。

“很棒，接着我们就可以开始选择工具了。”我满意地说。

终于要选出时尚姐的工具了，我建议的工具有两个。

针对 S 日程表：采用 Google 日历，这样无论她在家工作或是出差，都能让团队迅速了解行程。

针对 A 行动清单：我建议采用 Google Keep，一方面可以列出各种行动清单，甚至拍照上传；另一方面可以和 Google 日历结合，最后也能做出团队协作分享清单功能。

常见的工具如 Outlook、Omnifocus、笔记类应用（印象笔记、OneNote）、清单类应用（滴答清单、奇妙清单）。**选择工具的关键是根据时间管理帝王表左半部分填写的现状，从中选择你熟悉的。**

“永锡老师，通过时间管理帝王表选出工具，打通了收件夹和行动提示两个系统，对我和我的公司帮助太大了。”时尚姐眼睛发亮地说着。

“现在你已经清晰了解了自己的工具，接下来你还要学会运转系统，它才能发挥应有的效能。不过不用急，在此之前先休息休息。”说着，我斟了一杯茶给时尚姐。时间管理是一个日积月累的自我提升过程，我们慢慢来。在接下来的一章中，我们就会学习到系统的运转。

领装备

时间管理帝王表

如何使用时间管理帝王表?

时间管理帝王表可以帮助我们贯通从杂事收件夹到行动提示系统的高速铁路。你可以在书上直接填写或下载表格打印成 A4 纸大小填写。团队一起填写对了解彼此的工作习惯有很大助益。

1. 收件夹系统和行动提示系统

先填写左半边，这半边包含收件夹系统和行动提示系统。

收件夹系统包括即时收件夹、邮件收件夹、笔记收件夹、其他收件夹。

行动提示系统包括日程表、任务管理、行动清单、参考资料库。

2. 精简系统，减少工具

接着我们填写右半边，如果只用 1~2 个工具打造系统，你会选哪个？

3. 打通任督二脉，将工作提速

上方是收件夹系统，下方是行动提示系统，从杂事到行动的高速铁路如果想要提速，需要本部分中的学习方法。

在完整读完本部分内容后再次填写时间管理帝王表，对比两次有何不同。

本章练习

从时间管理帝王表中选出适合自己的工具。

时间管理帝王表

Be your King 做时间的王

我是 ________ 帝王

L	即时收件夹			
I	邮件收件夹			
N	笔记收件夹			
E	其他收件夹			
	捅　人　利　器			练习把杂事加工成行动，打通时间管理的任督二脉
S	日程表			
T	任务管理			
A	行动清单			
R	参考资料库			

扫一扫，关注黑天鹅图书

回复“帝王表”，获取时间管理帝王表电子版

第十二章

“插人利器”：让系统运转起来

跳舞，像没有人注视一样；唱歌，像无人聆听一样；热恋，像从未受过伤；活着，即把人间当作天堂。

——马克·吐温（Mark Twain）

虽然很多人会在焦头烂额时，憧憬效率的提升，但他们只寄希望于更换软件硬件，而不是更换自己的方法。这完全是海市蜃楼。干将莫邪被拿在鞋匠手中，可能没有锥子好用。所以与其说工具重要，不如说使用工具的方法重要。这也就是工具的悖论，工具是提高效率的基本条件，但任何工具都不等同于提高效率本身。

在上一章中，已经选出了自己的核心工具，打通了收件夹系统和行动提示系统，两个系统并成一个系统。而运转系统需要批次处理杂事，批次处理杂事有四个基本方法。

我给分批处理杂事的四个基本方法起了个好记的名字——“捅人利器”。它将是一把时间管理的宝剑，可以帮助你按批次将杂事加工成行动，迅速斩断杂事，清空收件夹。

“捅人利器”四个招式分别是：马上丢弃（器）、立刻行动（利）、授权他人（人）、放入系统（捅），反过来念就是“捅人利器”。

捅：放入系统

人：授权他人

利：立刻行动

器：马上丢弃

“捅人利器”的用法

马上丢弃

清空收件夹的过程中，发现无用的信息就马上舍弃。例如电子邮件中不需要任何答复的信件可以存档，微信的大多数信息都不需要回应，会议记录浏览过若不需要采取行动，也可以放入存档的资料夹以备以后查阅。

如果是手写的笔记和便签，有的是加工成行动提示写入行动清单，有的是录入电子档存入资料库，完成后纸质档就可以直接扔掉。

每天收的邮件，里面有许多无效信息，可以通过设定邮箱的自动分类规则，把邮件自动放入不同收件夹，从而清空收件夹。

手机上的微信信息，更是只有极少数才有保存价值或需要列出行动提示，其他就直接选为“已读”吧。

“马上丢弃”就是对于不必要的材料，做好“断舍离”，节省时间和注意力。

立刻行动

清空收件夹的时候，有些事情只要一两分钟甚至更短时间就能处理完，如果当下有足够的时间，就应该“Just do it”立刻行动，不需要放到行动提示清单中。

举例来说，我起床早就可以利用早晨的时间对收件夹中的事情进行检视，这是采取“立刻行动”的好时机。

例如可以分两分钟就完成回信的邮件，立刻点开“回复”键，写下几行答复发出去。在微信上看到需要回复的信息，若是只要一个短句、一段语音、一个表情符号就可立刻回复的，就直接行动，不要让它变成任务占用头脑的内存。

授权他人

在清空收件夹的当下，如果有个良好的团队可以授权，就可以列出一张清单“授权他人”或召开会议分配任务，请团队发挥力量。

我们即将进入一个任务越来越多的时代，有更多的事情需要团队协同作业，不论是企业内部或外部沟通，授权他人的频率会越来越高。每个人都要具备更全面的授权管理能力，才能应对未来的工作形式。

放入系统

事情若是无法马上丢弃、立刻行动、授权他人，那就只能放入系统。先放入系统（以时尚姐为例是 Google 日历及 Google Keep），若有必要，再细分放入日程表、任务管理、行动清单或参考资料库的 STAR 系统。

例如收到一封邮件，要求填写一份复杂的表格（大约需要 20 分钟），但一周后才需要回复。那就在行动提示清单中新增一条行动提示：“填写 ×× 表格”，设定提醒周五下午填写。

一般而言，超过两分钟才能回复完的信件，我们都应该暂缓回信，放入行动提示清单中，等待合适的时间再回复。先清空电子邮件的收件夹，再开始回信，这样生产力更高。

如果是微信中有一条一个月后要参加的活动的信息，包含大量细节，那就转发这条微信到你的行动提示清单里，并设定截止日期提醒自己阅读。

大家在清空收件夹时，默念“捅人利器”的口诀，就可以思考这件杂事要用哪个招式来处理。接下来，就让我们实际运用这个流程，来练习一一清空工作上的三大收件夹：即时通信、电子邮件、笔记。

微信用好，不是打扰而是生产力

你是不是每天一睁开眼睛看到的不是老公或老婆，而是微信？看着微信好友、群聊、朋友圈上红色的小数字，时间很快就过去了，但是任务真的向前推进了吗？

在笔记、邮件、即时通信三个收件夹中，微信这样的即时通信工具是最难管理的，因为它的信息量大，而且不断更新。或者说，这类收件夹如果不管理，后患无穷。难以管理的原因在于信息无论重要与否全都混杂在一起，所以**要让微信真正有生产力，应该在浏览完微信信息后，把需要下一步行动的杂事加工成行动，存放在微信之外的地方。**

例如，我的客户传了一则信息给我：下次在“创业大街研习会”要讨论我们营销的主要方向。这时候我会把它加工为行动（还记得我的语法公式吗？），下次开会时间：10 月 9 日 10:00，我要思考好营销方式，与 ××× 讨论活动规划。

当然，我们不一定要把下一步行动回复给对方，但是在你的脑海里，一定要有这样的动作。

把即时通信工具中的杂事移出，放到你的行动提示清单里。

我们在浏览微信时，要时时记得“捅人利器”的原则，然后将真正重要的行动放入行动提示清单。

器（马上丢弃）：哪些微信信息可以立刻丢弃（微信中通常是“已读不回”）？不需要回复的笑话、广告、微信群中的闲聊，等等。

利（立刻行动）：如果这个行动两分钟内可以处理完毕，就立刻行动。比如，好友找你要另一个朋友的联系方式，立刻回复他就是了。

人（授权他人）：在微信中联络他人，就拉个小群，介绍彼此认识，或转发信息给要处理的人。

捅（放入系统）：不能被归为上面三类的，更复杂的工作就要被放入STAR工作系统。

S：Schedule日程表，把事情放入日程表，或者确认日程表原本的日程有没有和新日程冲突，或某个时间要采取某项行动。

T：Task任务清单，这个微信行动应该归入某一人物之下，并将这件事加到该任务的清单之下。例如可能是某一专案下积累的一个新的小任务。

A：Action行动清单，这个行动不属于任何任务（或还没有定案），就放入行动清单。

R：Reference参考资料，如果这则信息以后会有参考价值，就放入自己的参考资料库中。

经过“收集”“加工”“组织”三个步骤后，所有的微信内容全都处理完毕，收件夹清空。所有事情要么丢弃、要么立刻行动、要么授权他人、要么被放入STAR系统，这时便可以关掉微信，清空收件夹完成！

在思考微信收件夹如何清空的过程中，我发现有必要退出闲聊的微信群，或是关掉微信群的提醒。时间管理的高手，可以把微信打造成优秀的任务推动工具，进行会议约定、文件传送、团队激励、人脉联系等用途，把花在微信上的时间转化为生产力，这样才是善用工具。

Q&A

Q：浏览微信时很容易忘了时间，怎么避免浪费时间？

A：微信确实是时间的一大杀手。我们打开微信通常是要做某件特定的事情，但一刷朋友圈就把要做的事情忘了，时间不知不觉过去了。

我的解决方法是借助印象笔记的一键发送功能，存入印象笔记中过后统一阅读。发完之后，就专注地做本来打算做的事，这样能够专注于吃青蛙。同时，虽然有很多文章我当下很想看，但是通常存入印象笔记之后，过后很可能就不需要看了。

Q：微信朋友圈已经成为重要的社交平台，曾经尝试关闭朋友圈但发现会影响社交。请问老师怎么处理？

A：偷偷告诉你，我的微信安装在 iPad 上。一方面是屏幕大，打字快；另一方面是工作才使用微信，休息时就不看了。我在 2000 年就建立了自己的第一个网站，所以可以说我是个资深网虫，很喜欢互联网产品。但是我发现不发朋友圈世界也不会毁灭，朋友依然是好朋友。

从此不再害怕打开电子邮箱

每天一早，打开自己的邮箱，今天收件夹中躺着十多封要处理的信。我的目标是清空收件夹，所以立刻进入加工流程，把邮件主题加工成可以行动的指示。实际操作时，这个加工过程就在心里迅速完成了。

每封邮件寄来时基本都是杂事，我要将之加工成可以采取行动的动作。

收件栏	加工后
欢迎注册挖财，恭喜您成为财主	进入挖财网登录并简单浏览内容
RE：清华大学工商管理学院校友联合会敬邀莅临演讲日程安排	致电清华大学联络人确认演讲日期
关于时间管理课程（备注：客户泉能公司来信讨论授课细节）	回复电子邮件和泉能公司确认细节
from 永锡 台北场研习会报名简章（备注：系统通知某人已经报名研习会）	感谢 Philo 报名
预祝张永锡讲师中秋佳节愉快！（备注：广告信）	归档至广告信
创建的高容量 SD 记忆卡（备注：朋友给我发的 SD 卡型号）	询问苹果 Shane 讨论下一步行动
华盟第六届 2016 年 5 月例会说明（备注：讲师联盟的活动流程）	归档至讲师联盟活动专案
邀请您至纳米实验室演讲通知并附上日期（详见内文）确认资料	回复纳米实验室确认演讲日期
From 十三姨 已经完成 Landing Page	请有龙协助修改 Landing Page
世新大学学工办生涯发展组敬请老师至本校演讲，谢谢	确认日历中世新大学演讲日期
百度工程师是如何管理时间的	阅读后放入印象笔记归档

接下来，我就要开始“捅人利器”+“STAR”，把每封邮件都做适当的处理。

第一次处理邮件时，可以在电子邮箱里面建一个文件夹，标明 Old Mails（旧邮件），把所有信件拖进去，这样收件夹就暂时清空了，然后对每一封新邮件都严格按照如下方式开始处理。从“人”“利”“器”及“S”“T”“A”“R”七个选项中选择一个处理方法，迅速将邮件分类，之前的邮件我们可以分类如下：

器：这些邮件可以立刻删除（通常为存档），归档至广告信。

利：如果这封信两分钟内可以处理完毕（回信或做简单的行动），那就马上行动。

登录挖财网并简单浏览内容，回复电子邮件和泉能公司确认细节，感谢 Philo 报名，回复纳米实验室，确认演讲日期。

人：这封邮件若要授权他人，就立刻转寄他人，请其负责处理。

请有龙协助修改 Landing Page。

S：日程表，把这件事情放到日程表中，或者确认日程表原本的事项没有和新事项冲突。

确认日历中世新大学演讲日期。

T：任务清单，这个行动应该列入某一任务之下，加到该任务的清单中。

归档至讲师联盟活动专案。

A：行动清单，这个行动是不属于任何任务的单独行动，放到行动清单中。

致电清华大学联络人确认演讲日期，问苹果 Shane，讨论下一步行动。

R：参考资料库。

阅读后放入印象笔记归档。

完成以上步骤后，我们收件箱里的邮件就全都处理完毕了，收件夹干干净净，心情也跟着轻松起来。

清空笔记本收件夹

我是个爱记笔记的人，这对时间管理者而言是很重要的习惯。我心中常常有很多想法，但当下无法实现，如果能够时常把这些杂事收集起来，心里的压力就会降低，行动完成的可能性也会提高。

以下列出我最近在笔记中记录的杂事，借这个例子再次回顾运转时间管理系统的全过程。

- David 及 Phoebe Message
- 三脚架
- 牛奶
- 罚单
- Breet 中秋节
- 黑油 轮胎
- Melody 尤克里里
- 游勇
- 沪江网想法

完成第一步“收集”杂事到笔记本后，接下来要汇总到自己的时间管理系统中，并且加工成下一步行动。当一件杂事进入收件夹，若想要放到特定的资料库，中间的转化过程就是加工。

有些事情属于任务的一部分，加工后就放到某个任务下面的资料库。有些事情只是单一行动，就应该放到行动清单。有些杂事算是资料库的一个碎片，就应该放到资料库中。

收件栏	加工后
David 及 Phoebe Message	在 Facebook 中私信留言，感谢和 David 及 Phoebe 一起聚餐
三脚架	找出拍照用的三脚架
牛奶	外出时买牛奶
罚单	外出时交停车费
Breet 中秋节	告诉老婆英文老师 Breet 中秋节停课一次
黑油 轮胎	外出时到机车行，更换黑油，检查轮胎胎纹
Melody 尤克里里	广州要表演尤克里里，联络音乐老师 Melody
游勇	在微信和游勇聊天，鼓励他继续提问
沪江网想法	整理沪江网授课想法放入印象笔记中，沪江网事情和 Brenda 沟通，两个行动

以上就是把收集到的杂事加工成行动的过程。接下来，我会运用“捅人利器”的原则，对这些行动的提示进行处理。至于无法丢弃，无法立刻处理，无法授权他人的事情，就放到STAR系统中。

器：有些笔记的内容一点儿都不重要，看过就丢弃。

利：若清空收件夹的当下想立刻采取行动，如果耗时很短（2分钟以下），就马上行动。例，在Facebook中留言，感谢与David和Phoebe一起聚会；广州要表演尤克里里，微信联络音乐老师Melody；在微信和游勇聊天，鼓励他继续提问。以上3件事是可以立刻处理、马上行动的。

人：有的笔记想要授权他人去处理，就直接传送给对方，请其处理。例，告诉老婆英文老师Breet中秋节停课一次，请老婆找出拍照用的三脚架。这两件事都和老婆有关，可以马上发消息给她请她处理。

捅：就是进入系统，也就是我们常说的STAR。日程表Schedule：某则笔记的内容，加工成了日程表事项。任务清单Task：沪江网的事情和Brenda沟通。行动清单Action：外出时买牛奶、外出时缴纳停车费、外出时到机车行更换黑油。参考资料库 Reference：整理沪江网授课想法放入印象笔记中。

用“捅人利器”的方法运转工作时间管理系统，让想法不再停留在想，而是真正实现的行动。

本章练习

1. 选一个可以收纳所有笔记的电子笔记工具。
2. 把随时的想法收集到笔记中。
3. 每天找一个固定的时间，加工今天的笔记。
4. 转化成行动的笔记，用“捅人利器”快速处理。
5. 把未来的笔记行动放入 STAR 系统。

第十四章

将行动清单导入团队：团队级时间管理

我们并没有做错什么，但不知为什么，我们输了。

——诺基亚 CEO 奥利拉（Olli La）

高管君是在一次杂志采访中认识我的，因为他也是那本杂志的专栏作者之一。高管君是某餐饮集团的高级管理者，集团下有好几个知名品牌，他想带领企业做好时间管理，但遇到了很多难处。

高管君读过EMBA，可是课程不教时间管理。餐饮业突发状况多，他也无法整天坐在电脑前，工具必须简单好用。同时，因为员工数量巨大，工具需要学习成本低才能向下复制。

参加我的课程后，高管君带领团队学习了半年，效果显著。我想借他企业的案例谈谈时间管理在团队中的应用。

把行动清单导入团队

一个时间管理基础薄弱的团队想要引入时间管理系统，最适合的角度是从行动清单开始。

回顾把行动清单导入团队的过程，高管君提到几个关键点。

1. 关键人物

一开始，高管君、HR及特别助理三个人参加了时间管理研习会，开始在核心团队推行“吃青蛙打卡”。接着几个品牌总经理也参加了两天课程，在企业中继续推行实施。整个企业就是这样自上而下，由管理层先带头学好才把工具普及的。

在导入新系统的初期，领导者的经验值及能力先提升很重要，可以让下属产生信任感，提升成功。

2. 对工具的深入学习

高管君使用“滴答清单”这个清单工具来管理团队，执行半个月后，他在团队内召开会议分享对滴答清单的使用经验。会议分成三部分，先是分享使用好处及感受，接着讲授进阶功能，最后是我推荐了幸福行动家中对该软件使用经验丰富的学长去参加交流，让学习更加多元化。

3. 赏罚机制建立

做得好有奖赏，做得不好，必须自己掏钱发红包给做得好的人，借由游戏化的机制，促进群体学习、对话、实践。领导者自己做老师或啦啦队员，为员工打气。

在导入滴答清单四个月左右，高管君又邀请我到企业内做了 1 小时的演讲，为 40 位厨师长及前厅经理做培训。接着他们进入 21 天吃青蛙打卡实践，培养一线人员掌握行动清单的能力。

其实在这一段时间内，我也和其他公司同人建立了更深厚的感情。从 0 到 1 导入时间管理系统，不是一蹴而就的，除了工具、理论的传递，讲师和领导者必须和员工站在一起，以身作则，一起练习，这样才能把企业做事的精确度逐步提升起来。

团队进行时间管理的好处

为了这个企业顾问案，除了听高管君的分享，我也采访了企业上上下下的员工，并到旗下几家餐厅用餐，观察员工的变化。

根据中高层反映，高管君本身也克服了不少以前拖延的毛病。因为知道自己每天最重要的事是什么，一起打卡大家都看得到，让他也能更专注地处理该面对的问题。

中高层还反映了三个方面的收获，分别是视野的扩展、工作生活的平衡、晨间日记的好处。

首先是参与幸福行动家后，见识到各领域职场人工作和生活的方式，生活领域拓展许多，视野扩大，对自我的要求也提升了。

尤其是上完课程后，密集打卡这段时间，因为明确优先次序，集中大量时间在吃青蛙，琐事分批处理，工作效率明显提高。不仅如此，也能兼顾到生活品质，留出时间陪伴家人，增加运动或休息的次数。

写晨间日记的好处也开始展现，HR 反映自己以前晚上有时因工作压力太大，翻来覆去睡不好，现在有写日记的习惯，能够知道自己的工作模式，告诉自己这段时期的短期状况。先安心睡好，明天再努力面对即可。每天设目标，每日检视，形成一个日闭环，这种感觉好极了。

最后，对于只上了1小时课程的一线员工，完成21天坚持打卡后，一位员工的反馈是：以前觉得餐饮工作千篇一律，没什么可改进之处，但是慢慢发现，每个领域都有值得完善的细节，可以用吃青蛙的方式列出来，一一修正。

帮助企业引入行动清单这个方法，让同人学会管理行动清单。借助日复一日的操练，把餐饮业最重视的食品安全问题、卫生问题、教育培训等事项落实成每天推动的行动。各同事之间，也因为事前了解了彼此的工作重点，能够相互协助。

我相信高管君这些餐饮业的同人，能做到更高层次的协作，互相交代事情不会有遗漏，让整个企业做出的产品和服务更上一层楼。

时间管理是门慢功夫

有数千名员工的高管君，确实是个耐得住性子的人。当他和核心团队学习了我的第一期课程后，七位品牌总监上了第二期，经过五个月的实际操作，才开始向下复制时间管理的基因。

领导者要在团队植入这个基因，要针对三个点去积累。第一个是时间管理的理论（Theory）；第二个是时间管理的工具（Tool），高管君公司用的是手机和滴答清单；第三是团队（Team）学习，团队沟通任务（Task）并一起学习。

时间管理的能力不是快功夫，对个人来说，需要两年左右的时间。在企业中，可以借由群体学习加速，但也需要花上几个月才能见效。

另一位作为企业管理者的优秀幸福行动家曾这样说：

“近来正在整理这两年讲座的笔记，深觉在连续四次听了永锡老师的时间管理系列讲座之后对工作及学习生活的影响之大。时间管理的理论和技巧着实是个慢功夫，虽然早早便在心里播撒了种子，但过了很久才真正意识到其重要性，进而重新学习并开始实践。”

看到高管君企业中各店店长的笑容，看到大家的成长，对我而言也是生命中很有意义的一部分。人的幸福，除了自己过得好，若是能时时存着一个帮助他人的核心价值观，这样的人生才更加完整。

本章练习

1. 检查你的团队是否有共用的行动清单。
2. 找一个最适合你的小团队清单工具。
3. 跟你的团队一起练习共用清单。
4. 每周一起讨论共用清单的好处。

第十五章
总结：在世事变动中心静如水

我们只是历史的过客，目标渺茫，无地自容。我们没有世界大战可以经历，也没有经济大萧条可以恐慌。我们的战争充其量不过是内心之战，我们最大的恐慌就是自己的生活。

——《搏击俱乐部》

这一代年轻人看似有更多自由、更多机会，同时也面临着更多压力，犹如被扔进时代洪流里飞速旋转，要紧紧跟上生活的变化速度才能不被撕成碎片。父母那辈人一生可能只做一份工作，现在能连续七八年不跳槽的人都非常少见；本来是医科学生，后来做了广告策划；土木专业毕业，竟然做了培训师；本科学农业经济，现在去卖衣服……甚至你想不变都不太可能。每一天，公司在变化，同人在变化，业务在变化，市场在变化。也有很多人，是为了照顾父母，有了宝宝之后，或者是另一半的工作调动，而选择换工作、换居住城市。

80后小玉刚刚生了二胎，她一边照顾两个孩子，一边经营家里超市的小生意。同时，为了提升自己，她正在学习英文，每天抽空听半小时的网络课。

70后梅梅居住在台中，她是为了老公的事业才到这里定居的。她一边工作，一边学习芳疗，希望借助芳疗改善家人的健康。

60后慧姐是一家企业高管，前几年因为企业的经营需要，举家搬到上海。她不仅要照顾好丈夫和子女，还要带领团队一起赢。

这几位都是我身边的朋友，我非常钦佩她们通过时间管理努力平衡家庭和工作的需要，在她们身上也能看到更多人的缩影。

在飞速变化的时代，承受压力和无常，我们渴望的其实是内心的安宁平静，也就是“心静如水”的状态——一心一意工作，心无牵挂陪家人，全神贯注学习，摒弃杂念，心情愉快。

把“清空收件夹”作为每天早晨最重要的第二件事，就是为了借助时间管理系统的运转以静制动，保障我们随时进入“心静如水”的境界。

知识点回顾

如何建立时间管理系统？如何处理大量涌入的杂事？这是我在多年教授时间管理的过程中，最常被问到的两个问题。

让我们回顾一下“清空收件夹”部分。相信你已经对这两个问题有了清晰的答案。

为什么要清空收件夹？

介绍清空收件夹的三个流程，分别是“收集杂事”“加工成行动”“找到缺口”。这是基本的切入，后面在此基础上延伸出了“捅人利器”和“STAR系统”。

收集杂事的力量

通过新晋经理升职的案例，了解何为杂事，何为收集。进而思考杂事的分类并转变成高品质杂事，建立收集杂事的习惯。

这部分还为读者提供了练习表，用来分析杂事的来源及思考如何将杂事变成高品质的杂事。

三种收件夹系统

从爸爸的口袋案例，说明收件夹系统如何运转。用实例解说如何清空以下三种收件夹：即时通信、电子邮件、笔记本。

将杂事加工成行动

把收件夹及行动提示系统“束”在一起，连接收件夹和行动提示这两个高铁车站。具体方法有：运用“杂事加工成行动”的语法公式；批量加工杂事练习；了解改善加工流程，提升高速铁路的运载能力。

时间管理帝王表

与时尚姐一起填写时间管理帝王表，清晰了解自己的收件夹系统和行动提示系统，分析系统的缺陷并找出解决方案。

通过填写这份表格，我们建立了自己的将行动加工成杂事的系统。

“捅人利器”

“捅人利器”是分批处理杂事的四个方法，借助它使系统运转起来。

在此部分，我分别以三种收件夹为例展示了“捅人利器”的用法。

时间管理的不同面向

在前面的章节中介绍了吃青蛙、“捅人利器”、STAR 等方法。学习完第二个习惯，我们可以用下文来说明时间管理的不同面向。

当任务少而有所选择时，使用九宫格或思维导图做任务规划。

当任务少而需要高效率时，吃青蛙使你专注在最重要的事情上。

当任务多而有所选择时，“捅人利器”帮助我们快速筛选。

当任务多而需要高效率时，结合“捅人利器”和STAR的方法，帮我们成为时间管理的高手。

第三部分

每日重开机

每天最重要的第 3 件事是检视。房间一阵子不整理就会逐渐变乱，而人生不检视就会逐渐失去秩序。所谓检视不是单纯的自我反省，而是建立一套可供自己全面检查并更新工作流程的系统。

我把这套可以让我们全面检视的系统叫作“STAR神盾”，像美国队长的盾牌一样，帮你做好时间管理的防护与更新，以便维持生活和工作的高效能状态。检视从每天扩展到每周、每年，你的时间管理高度也会提升。此外，在本部分中我也会介绍如何将管理从个人层面提升到团队层面。

第十六章
每日重开机：通过检视更新自我

没有检视的人生，不值得活。

——苏格拉底

在希腊神话中，最早的神诞生于混沌中，那就是大地女神盖娅。盖娅创造了天空之神，又与天空之神生下十二个泰坦神。泰坦神中最小的孩子克洛诺斯推翻了父亲天空之神，成为新的统治者。同时，他预知自己的未来也会被儿子推翻，所以把生下的儿女全都吞掉。但克洛诺斯最小的儿子宙斯被母亲藏起来，幸免于难。宙斯长大后，伺机让父亲把哥哥姐姐全都吐了出来，最终成为人们所熟知的主神。

希腊神话的开端，就是描述人类不断更新自我的历史。人类数千年的文明如此，个体每天的生活亦如此。

每当我问学员，为何开始学习时间管理时，他们总是给出类似如下的回答。

“我的生命真是一团糟。”

“觉得工作压力好大，什么事情都如此紧迫。”

“每次我觉得不错时，就会摔落谷底，遍体鳞伤。”

“我想要有所改变，却又无法做到。”

虽然表面上大家都有稳定的工作，不乏毕业于名校，就职名企，甚至已掌管公司、身家显赫者，但是想要学习时间管理的出发点无不是内心隐藏着恐惧。

现代工作者面临诸多无形挑战：社会变化速度快，选择太多，人们像踏上了跑步机无法放慢脚步；时间被大量信息切割（社群、邮件、会议、对话、文件）；追求工作及家庭生活成功的标准很高，做不到时感到非常挫败；虽然事业上很成功，但家庭亲密关系受到挑战，等等。看似混乱，而秩序也正在这混乱中产生。

减少时间管理系统的阻力

排除所有不可能的因素，留下来的东西，无论它看上去是多么地不可信，但它就是真相本身。

——柯南·道尔《四签名》

通过前两件事的练习，我们已经架构了从杂事到行动的系统，学会了吃青蛙和清空收件夹的具体方法和各种工具。但仅仅做到了这两件事，你可能发现，时间管理系统运作一段时间，随着外在环境的变化，又变得不适用了，或者阻力巨大。

不必气馁，这是极其正常的。接下来的第 3 件事就是，我们要学习如何去转化这些阻力，使系统具有更新的能力——**学会每日重开机。**

重开机（Reboot）：使用时间管理系统帮助我们推进任务，久而久之，系统会产生一些“阻力”，需要定期重开机，清空 CPU 及 RAM 内存，让时间管理系统恢复应有的速度。

首先，我们来看看系统中有哪些事情会产生“阻力”。

第一件事，先吃掉青蛙。每天难免会有些青蛙、蝌蚪没吃完，或者看似已经完成，过几天却“春风吹又生”，青蛙及蝌蚪再次出现。这些让系统运行不顺畅的“阻力”，需要以定期评估系统中行动事项的优先次序这种方式予以解决。

第二件事，把杂事收集在收件夹，并加工成行动，完成清空收件夹的习惯。但实际情况中，杂事常常堆积在收件夹中，没有被加工成行动。这也是一个“阻力”，需要有适当方法，让自己对未来要推动的几个重要任务有明确的下一步行动。

第三件事，系统本身也存在阻力。建立了时间管理系统，但是整个系统里面的行动资料都已经过期，新的行动没能和旧的行动连接起来，根本无法运转，这也是一种“阻力”，需要定期检视及更新任务的下一步行动，才能重新获得前进的动力。

养成重开机的习惯，会有怎样的价值呢？

小投资大提升

每天吃青蛙及清空收件夹或许得费上些时间，但这是在面临工作压力时，时间管理系统得以保持能量全开的关键。所以检视是一个投入产出比很大的习惯，磨刀不误砍柴工。

不仅如此，团队中的领导者可以由个人工作效率的改善，帮助核心团队成员改善效率，进而做到改善团队效率。对于这个以小搏大的杠杆，检视是一个很有利的支点。

团队更有向心力

本书的三个习惯不仅可以用在个人，也可以用在团队。

由于青蛙及蝌蚪是由成员自己指定，任务及目标都比以前更明确，成员内部沟通和对外沟通都会顺畅。

团队节省出来的时间，就可以相互协助。同时，彼此的信任及默契提升，又可以进入深度的沟通，提升综合效率。

成为更有担当的领导者

拥有时间管理系统能力的领导者，能够处理大量琐事，有多种项目同时管理的能力，可以多地、多团队推动任务，拥有愿景，也保持工作及生活的平衡，这样必然能够增强领导力，并且勇于承担更艰巨的挑战。

也就是说，“每日重开机”收获的不只是个人时间管理能力的提升，如果你是组织中的领导者，还可以帮你提升团队的时间管理能力。第十七章我会着重介绍一个企业导入时间管理的案例。

将 STAR 升级为神盾

在前一部分中，我们已经初步了解了行动提示系统 STAR。你可以把自己的 STAR 系统视作为自己服务的一款产品。这个产品在设计之初还是一个初级产品，必然存在投入使用前预想不到的漏洞。而经过日复一日的使用，系统不断更新的过程就是这款产品的升级过程。

为了让系统保持最高生产力，我们要通过检视减少STAR的漏洞，将STAR升级为神盾。

S：日程表

放置约会日程甚至共享日程的地方，可以把重要的约会，某个特定日子要做的重要事情放在日程表中。我们会介绍日、周、月视角的不同，并讨论如何规划我们的日程表。甚至更进一步，在一周开始前，把下周的日程表规划好。

T：任务清单

任务，是需要好几个下一步行动才能完成的目标。当有许多任务时，就应该合起来列成一个任务清单。从个人角度，任务清单管理个人一年内的大小任务以及较高层次的目标（年目标、五年计划、价值观、人生目标等）；从企业或组织角度，任务清单管理公司内部大小任务及和其他公司的合作任务。

A：行动清单

一个行动有三个要素，首先是有明确可以行动的行动叙述，其次是有明确的行动日期，最后是标示属于哪一个任务。行动清单包含了近期任务的下一个行动及零星行动，必须做好每周检视才能落实好行动清单的工作。

R：资料夹

资料夹，也就是任务支援资料。存放的不是行动而是一些静态文档，当任务需要时，能够随时拿出文件，顺利推进任务。

STAR 这颗星星神盾，架构了时间管理系统，让收件夹加工后的行动，能够放到相对应的收件夹，当我们能够定期把这个系统和真实世界“同步”，变成“可信任的系统”（Trusted System），我们的时间管理能力，就随着这个系统逐步提升，这样拾阶而上地内在积累，才能突破系统中的阻力，高效推动任务。

STAR 构成的神盾系统，在第十七章中会展开介绍。

每日检视与每周检视

多年来，我保持着每日检视和每周检视的习惯，也就是每日和每周的重开机。在第十九章，将详细讲到每日检视、每周检视。

每日检视

我习惯把每天早晨作为检视时间，先回顾自己昨天已完成的事情，接着选择今天的三只青蛙。

如果时间允许，就清空收件夹，将杂事加工成行动，放到 STAR 神盾工作系统中。

如果时间不够，我会以写晨间日记的方式，让自己的思绪沉淀一下，接着列出今天的青蛙及蝌蚪。除了写日记，有的人会选择打坐、跑步，这些都可以作为很好的检视模式。虽然看起来只是身体在运动，但这个过程同样可以让思绪沉淀下来，让人专注在人生大目标上，摒弃很多不必要的东西。

如果今天早晨真的很匆忙，就先想一想今天最重要的青蛙是哪一只，然后开始工作，这也是一个最小化的检视过程。

每周检视

每周我会留出一小时的安静时间，检视自己上一周做的事情，并且做好自己未来一周的计划。

有时间的话，在每周重开机时我会执行每周检视流程，接着把下周任务整理得井井有条。

没时间的话，拿张纸把烦恼的事情都写上去，再拿张新的纸写出下周想做的事情，一共用 30~60 分钟就可以完成。

古希腊的苏格拉底曾把自己说成精神上的“助产士”，帮助人们创造他们自己的思想。通过“每日重开机”的检视，人们正是在创造自己的思想。能够在混乱中创造秩序、开天辟地的正是人类自己。

本章练习

1. 写下自己认为在工作上存在的阻力。

2. 写下自己在 STAR 系统中常常做不到的地方。

3. 写下自己在清空收件夹中常常做不到的地方。

4. 如果发现阻力和做不到的事情太多，思考找出并写下今天最重要的青蛙。

5. 重复几天这样的练习。

第十七章

STAR神盾：让人生没有破绽

我寻求那得不到的东西，我得到我所没有寻求的东西。

——泰戈尔（Tagore）

我喜欢读金庸的小说，其中《笑傲江湖》最让我爱不释手。

令狐冲学会了独孤九剑，可以在对手出招的瞬间发现破绽，攻击破绽，从而逼得对方只得回防，根本无从出招，因而达到“只进攻，不防守”的境界。

在时间管理上，第二部分中提到的“捅人利器”就是独孤九剑。虽然收件夹中每天出现新的笔记、邮件，但是批次处理加工成行动，并用“马上丢弃”“立刻行动”“授权他人”“放入系统”等方法立刻处理，从而不被它们干扰牵制，这就是时间管理的“利器”。

而小说中独孤九剑还有另外一个特点，甚至比剑法本身还要厉害，那就是“无招胜有招”的境界。因为无招，所以没有破绽，敌人难以攻破。检视的目的就是减少破绽。清空收件夹中的任务，分别放入“STAR 系统”，这样在每周检视时，就能看到自己手中的任务有无“破绽”，通过改善系统减少漏洞，这就是时间管理的“神盾”。

构筑起了时间管理的盾牌

前面我们已经知道了，要把吃青蛙、清空收件夹产生的行动提示放入 STAR 系统。STAR 系统包括四部分：日程表 Schedule、任务 Task、行动 Action、参考资料库 Reference。

Schedule，日程表

我每天早上检查日程表，确认自己一天的行程。每周在做检视时，也会确认自己上一周与下一周的各项任务，并列出任务清单，安排执行任务的时间，并设定闹钟自动提醒。

Task，任务

现代知识工作者会同时进行许多任务，有的耗时短，几天可以完成，有的耗时长，需要数周或数月才能完成。

任务分个人及组织的任务，有的是独立完成，有的要和团队成员协作才能完成。要对任务做好适当的规划，借此了解整个任务的全貌，这样执行时才能够持续推动，减少边想边做出现的状况。

若是能管控好下周要推动的任务清单及下一步行动，这样时间管理的功力就很不错了。

Action，行动

每天都需要推动许多行动，有些是单独的行动，有些则是和某个任务相关的行动。

行动不容易推动有两方面原因，一方面是没能做好任务规划工作，一直找不到关键行动；另一方面就是今天有太多可以做的行动，需要花时间厘清先后次序。

因此每天要先列出三只青蛙，几只蝌蚪，努力推动，当有杂事进入收件夹，迅速加工确认是否必须今天做。可能的话尽量不要安排在今天，而是安排特定日期来做该行动。这样才能顺利推动今天的青蛙，吃完青蛙和蝌蚪，拥有高效的一天。

Reference，参考资料库

为了持续做好时间管理，需要建立参考资料库，例如之前提过的晨间日记，爱画画及拍照的人会建立图片资料库，讲师会有幻灯片资料库，上班族则有 Office 文件管理。这些资料可以帮助我们将任务执行得更好。

STAR四种存放方式所形成的系统，就是我们所说的“神盾”。

神盾图示

在每日的范围内，管理神盾的右半边，日程表和行动。在每周的范围内，管理神盾的左半边，任务及参考资料。并且做好每周检视，将行动和资料都更新到最新状态，并放置在神盾相应的位置上。

STAR神盾，其实就是让我们的各项任务资料进入正确的流程，以便我们可以保持效率并且实时更新的自我检视，这样就构筑起了时间管理的盾牌。

不要让身体有两颗心脏

2015 年 6 月，我第一次见到精英男，一位年轻的家族企业管理者，受过良好的教育、名校的熏陶、大公司的淬炼，回到家中的公司已经几年，正准备大展宏图，帮父亲那辈创业至今的企业开疆拓土。

这些年，精英男和二十名员工一起打拼，销售父亲工厂的产品和服务，还打入了国际市场。他自认为时间管理能力不错，更为公司引入了很多工具和方法，但总是发现团队里出现“指派他人做事，后来对方却遗忘”的状况。因此，作为我博客的多年读者，他找我做公司的顾问。

第一次访谈时，我向精英男提出的问题是“请介绍一下你和公司使用的时间管理系统”。精英男一听，得意地打开电脑，展示他最常用的工具：Omnifocus、Omnioutliner、印象笔记、Paleface、Asana、Sandbox、Gmail、Google Drive、HipChat。

日程表，本质上泛指一切在个人或企业任务中，和“日期”相关的时间管理。精英男一般公司的事情使用 Asana，家庭的事情使用 Omnifocus，这就像一个身体有两颗心脏，在任务管理上，自然会产生许多问题。

我的眉头逐渐皱起来，提出的第一个建议就是："如果要在公司内成功推行 Asana，就要放弃使用 Omnifocus。" Asana 是公司使用的团队协作任务软件，Omnifocus 是个人任务管理软件，都属于之前提到的行动提示清单，但是我建议他只能择一。

正如我们在"时间管理帝王表"中所强调的，尽可能地只选择一种工具作为行动提示清单。在 STAR 中由于所需工具功能不同，可能除了最常用的工具外还有其他软件辅助，但也是每种只选一个，至多两种已经可以满足需要了。

通过检视形成闭环

我后来到精英男公司进行第一个月顾问课程后，其台湾和大陆的员工开始养成了"每日吃青蛙"的习惯。每天早上 9 点，全公司都在 Asana 内列出自己今天的青蛙。自己要吃什么青蛙就吃什么青蛙，为自己的结果负责，不需要老板紧盯着大家做什么。

在第二个月的课程更加入了每日检视的机制，就是在每天晚上 6 点，汇报今天的工作执行状况。

每日检视非常重要，在个人领域，每天写晨间日记，回顾昨天的青蛙完成情况，并列出新的青蛙，就能形成闭环。自己确认自己要做的事情，自己检视自己做事的结果。而在精英男的案例中，全公司每天在 Asana 中发表各自工作事项，傍晚汇报结果，构成群体闭环。群体确认群体要做的事情，群体检视群体做事的结果。

精英男告诉我，以前他就是公司里团队的枢纽，用自己的大脑及时间做成枢纽，自己动作稍慢一慢，就影响了团队的进度。现在 Asana 成了枢纽，工作由团队推动，自己就能摆脱日常业务的束缚了。

精英男的公司每周五下午都留出一小时进行周检视。周检视需要做以下几个步骤：

1. 清空收件夹

针对笔记、邮件、微信等，完成将杂事加工成行动的动作。

2. 检视过往一周的工作日志

这时就可以拿出上周每天发在 Asana 的记录，检视一次。

3. 检查上一周的日程表及未来一两周的日程表

在个人的日程表上，标注着未来的重要日程及事件。

4. 思索近期任务

Asana 里面个人都有一份明确的任务清单，思索下周重要任务的推进，可以采取怎样的行动完善，记录下来作为下周的行动事项。

5. 检视年度目标

公司每周有目标、每个员工都有年度目标，一周一次，检视自己手上的青蛙及任务方向是否朝向年度目标前进，是否偏离，速度是超前还是太慢。

公司同人经过这样的每周检视，对自己上周的工作状况及下周即将推进的任务能有大致的了解。

上述个人或公司的时间管理进步，都建立在闭环的基础上。把自己或团队的日程与任务纳入这个闭环，统一检视，并且方便随时检视。这样的益处是做事情时更能够把时间花在关键行动上，在日程表系统中就能看到自己的短中长期计划，让自己与团队向共同的年度目标不断前进。

STAR 神盾是一个圆。我们无论怎样安排任务与规划行程，最终都要在这个圆，而我们所有任务执行的终点也是转回这个圆，甚至当我们反省回顾自己的状态时，也可以回到这个圆上检视。

只有圆才不会有遗漏，任何东西都只会在圆里运转，无论转到哪里去，最终都还在圆里面。

本章练习

1. 列出自己目前使用的所有日程工具。
2. 去芜存精，只保留一种来调整所有任务日程。
3. 练习在这个工具上进行每日计划与检视。
4. 一周后练习在这个工具上回顾与计划每周工作。

Just do it

王芳 - 北京

我从事人力资源工作近十年，目前是一名管理咨询顾问，工作性质的原因，我需要频繁出差。

我是每天早上写青蛙和蝌蚪时做前一天的日检视，每周日晚或周一上午做周检视和下周计划，每月末或下月初开始月检视，以及根据执行进度或愿景需要进行季度或半年检视。做检视时我会翻阅行事历，回顾晨间日记，考虑下一周期的计划任务，以及对月、季度或年度计划的检视。

令我惊喜的是我在半年度检视时，发现自己的计划目标几乎全部完成，有的项目甚至提前完成，幸福指数的提升远远超过预期，内心充满了喜悦和肯定的能量。每次遇到一些很纠结或感到困惑的事情时，我就会想一想或看一下我的月度计划或年度愿景是什么，通过这样简单的检视行为，我混乱的思绪即刻清晰很多。同时在检视过程中，非常容易听到“完美主义”“强迫症”等各种小声音，逐渐体会到“放下控制”和“不追求完美”等幸福人生的奥秘。

检视给予我的收获是行动效率的提高和人生方向的指引，可以让我越来越坚定地去做好当下的选择，活出幸福行动家的模样。

第十八章

参考资料库：决定工作品质的关键

我心里一直都在暗暗设想，天堂应该是图书馆的模样，我昏昏然缓缓将空幽勘察，凭借着那迟疑无定的手杖。

——博尔赫斯（Borges）《关于天赐的诗》

2016 年世界经济论坛发布了一篇《工作的未来》（*The Future of Jobs*）报告，这是依据 15 个针对发达国家及发展中国家共 371 家公司人力资源主管访谈的研究结果。报告中说未来工作场所中的五大核心技能，包括复杂问题解决能力、关键思考能力、创新能力、人事管理能力、与他人合作能力。

这五大核心技能都是软技能，需要知识的内化和综合运用能力，因此，企业内以往经验的传承就显得非常重要。这就是很多咨询公司很早就重视参考资料库建设的原因。

资料库电子化

以前我使用大量档案袋，甚至定制了档案柜，以便管理一大堆纸张。我喜欢把重要文件或任务规划的内容印刷下来，在上面批注，并把同一主题的纸张、便利贴、文件放在一起，做好任务管理。

后来我完全改变了习惯，尽量变成电子档保存，虽然还是很喜欢用纸张及涂写思考，但是最后保存时，会用电子形式，这样一来体积变小，便于携带。

云端同步更是一大突破，让不同设备可以同步。因此，除了学位证和法律文件，基本没有需要长期保存的纸质文件资料了。

我的一位客户是某公司总经理，他是我多年的博客读者，也非常喜欢戴维·艾伦的 GTD 理论。以前做过电脑工程师的他，曾花大量时间寻找适合公司的时间管理工具。这家公司的参考资料库是用 GoodReader 实现的。

这位总经理对人事资料非常重视，利用 GoodReader 这个 APP，随时调阅各分公司人事资料最新考核结果。需要的资料瞬间就下载到他的 iPad 上，真的，我只不过眨了下眼睛，档案就打开了。

这就是他引以为傲的公司电子公文系统流程。所有高级主管的电脑都被搬走了，全部采用 iPad 移动办公，主观的价值不在于制造文件，而是在于文件上的批注。印章的定义也变了，通过 iPad 辨识指纹后，电子签名便粘贴到了文件上。

另外也采用 GoodReader 内部链接功能，将文件的链接粘贴到其他 APP 上。如公司统一使用的思维导图工具 iThoughts 和任务管理工具 Trello，作为后者的附件。

因此，GoodReader 就是公司的资料库，记录一切重要文档作为任务补充资料。通过云存储，随时用 iPad 传送、批注、签名回传。

也就是说，一切到公司的杂事进入收件夹，汇集到 GoodReader，形成 R（Reference）参考资料库，让主管判定 A（Action）下一步行动，这样的工作流程一气呵成，靠的就是 GoodReader。

参考资料库的五大要素

一个好的参考资料库要考虑以下五个要素：

1. 硬件设备

充分考虑整个企业及核心员工的使用场景，让整个过程如行云流水。

一般公司应该统一硬件和软件，这样沟通的速度可以加快。有时候受限于各种因素无法统一硬件，那参考资料的文件格式也需要统一，这样任务相关参考资料才能够快速传送，不需要转换过程。

同时，把资料电子化、云端化是当务之急，只有这样整个资料库才能在更多硬件设备上使用。

2. 电子工作中枢

电子工作中枢是公司内管理任务和行动的地方，要搭配公司例会及使用场景来实施，每家公司依照属性不同，都会有不同的枢纽选择。

参考资料库要能方便地跟任务枢纽工具连接起来，并通过协同作业工具深度对话，把任务的下一个行动迅速向前推进，成就企业高效能。

3. 统一参考资料模式

除了硬件设备及管理任务的枢纽工具，我们还要建立参考资料统一模式。譬如文档、照片、录音等，依据不同行业不同使用场景，其中可能涉及多种软件、APP，甚至 OA 系统。

未来的公司，必须同时处理纸质文件、电脑文件、移动设备取得的材料（例如施工现场拍照、录音等），作为各种任务的参考资料，应该要有一个适合的资料库工具来收集，并且让这些不同格式的资料可以统一存放。

4. 参考资料的储存方式

每家公司属性不同，参考资料也有不同的储存方式。大致上有纸质档案柜、电脑主机、云盘及服务器等方式。

企业参考资料储存方式，应该随着时代进步而改变。一开始是以纸质资料为主，过渡时期是纸张及电子资料混合；基于储存空间及长久保存的思考，未来应该是永久性资料用电子化保存，只有暂时性资料使用纸张。

同时，更重要的是建立归档系统。能够快速找到东西的方法只有一个，那就是放进去的时候是经过深思熟虑的。

5. 参考资料库的团队协作模式

最后是团队沟通模式，要把团队的任务推动好，终究靠的是人的沟通，这是非常重要的区块。

有一个概念是“1+1>3”，团队协作就是希望成员的才能互补，展现各自优势，补救个别弱点，让产品及服务的品质提升。

所以在考虑参考资料库时，也要考虑是否适合网络协同合作，如果可以云端协作，会让资料库的效能大幅提升。

相关软件推荐

在这个时代，有哪些服务可以满足上述五个要求，承担你的资料库管理需求呢？这里我推荐两种解决方案。

第一种是前面也介绍过的印象笔记或 OneNote，它不只是笔记工具，也是一个可以收纳各种档案、文件、照片及录音档案的云端资料库。

第二种是使用云盘同步服务。例如 Google Drive、Dropbox、OneDrive 或大陆的坚果云。你可以把所有资料放在云盘里管理。

当然你也可以架设 NAS 私有云，这就需要一些技术和成本。总之，选择最适合自己的方式架构参考资料库，立刻行动起来。

由于工作模式、工具甚至企业中的个人在这个时代里不断地变动，企业信息化非一日之功，但是聚焦点只有一个，就是企业如何将手上的重要任务，确实地向前推进。

参考资料库，看起来是不起眼的静态资料，但是研究时间管理越久，越发现这是决定品质的关键所在。企业员工的每日工作成果沉淀下来，善加利用就是黄金。

本章练习

1. 从个人开始，把资料电子化
2. 把资料库电子化
3. 找一个可以收集资料的云端服务
4. 统一你的资料存储中心
5. 让资料库可以云端协同合作

第十九章

晨间日记：为检视自己而写

有了光明与黑暗的均衡的节奏，有了儿童的生命的节奏，才显出无穷无尽，莫测高深的岁月。

——罗曼·罗兰（Romain Rolland）

我老婆是社区的公关委员，作为老公我自当全力协助。于是去年的圣诞晚会，我自告奋勇担任主持人。

当天有两百多位邻居参加了晚会，第一个活动“旗开得胜”，意料之内地顺利。紧接着是“比手画脚”，气氛怎么都调动不起来。我临场经验丰富，快速切换到第三个活动“我的劲歌时代”，果然这个活动迅速引爆了热度。平日一板一眼的先生和高雅的太太们，渐渐放下了矜持，纷纷从座位上站起来参与游戏。邻居们此起彼伏地热情献唱，还有人跳起舞来，整个气氛像壁炉里的柴火炸裂开来。活动慢慢进入尾声，在怀旧又悠扬的音乐中，人们告别着散去，作为主持人的我还有些依依不舍。

隔天在写晨间日记时，我发现在主持晚会时，我进入了心流状态，专心主持时，忘记了时间的流逝，关心的只有观众们的一举一动、情绪起伏，把体验做到了极致。

我从 2006 年 1 月 6 日开始写晨间日记，转眼已经过去十年了。而这十年刚好是我从 36 岁到 46 岁的阶段，事业打拼、孩子成长，我利用晨间日记记录下我和家人生活的点滴，是人生中珍贵的资产。

写日记对我而言，已经成为生命中的一部分。每天清晨，我会打开印象笔记，开始写晨间日记，在窗帘透进来的曙光中，只聆听键盘敲击及内心对话这两种声音。而每周每年的坚持检视，帮助我归纳整合信息，做批判性的思考，不断升级自己的人生操作系统。每一次阅读日记，都会觉得好像面对一个不太熟悉的自己。有时发现，自己生命中的每一天都是如此认真地活，这些体验是如此地真实生动。有些时候，也会有点懊恼，为何当初没有好好对待那件事情。日积月累，人生变得更加丰润成熟。

在晨间仪式中开启心流

早晨给我带来活力的不仅仅是咖啡。每天 5 点到 6 点 45 分，是我的晨间仪式时间。依循每日固定的顺序，让身体和心灵为忙碌的一天做好准备。晨间仪式，一方面让自己拥有固定的作息，另一方面对一天的精力管理有很大助益。

每天早上 5 点多，不论冷暖，我都会翻身起床，稍微喝点开水，从打坐开始新的一天。对一个曾经几次被抑郁症找上门的人来说，这是一个很好的开始。

6 点左右，开始规划一天的事情，选出三只青蛙，代表今天预定要认真推动的任务，并分享到即时通信工具及 Facebook，让伙伴知道我的动态。接着就开始写晨间日记，检视前一天自己做了什么，今天可以采取哪些行动继续推进项目。

慢慢进入状态后，我开始投入一些简单工作，这样工作到 6 点 45 分，叫孩子们起床，准备早餐，洗衣服，出门送他们上学，这是做家事的时间。送完孩子回来，才能继续推动工作。

早起，不是要强迫大家努力工作，正好相反，我觉得照顾自己的身心，比努力工作更重要。

要好好爱自己，做些开心的事情，比如我最近喜欢画画，很减压。我也喜欢利用早晨时间弹尤克里里、阅读、听课。不仅如此，还要定期运动，让身体维持好的状况。

最后，就是和亲人、朋友的约会，和不同人群对话，我觉得是很重要的事情，是一种社交上的需求，同时也带给我许多思维的冲击。

但有所为有所不为，例如不要浪费太多时间去读网络文章、作息不固定、吃太多青蛙、和太多人互动及不懂得授权。晨间仪式的目的，是要让自己进入开心兴奋的状态，一天才能充满活力。

8 点之后，就要开始推动生命中的大小事情。我们想要生命有意义，就应该把精力、时间先集中到重要的事情上。这些事情，我称为“高价值工作”，吃青蛙吃的也正是这些事情。

高价值工作和能发挥个人优势的工作是高度统一的。对我来说，创作（写书、写文章、制作讲义）、准备演讲、整理和他人一对一的谈话记录、读书、玩新 APP（对我来说好 APP 就是一本好书）、慢慢写日记，都是高价值工作。这些工作我做起来比一般人做得好，并且会让人生积累到更高的层次，因此应该花费大量时间在上面。

除此之外，还有些生命角色需要采取行动，不管是和老婆去喝杯咖啡、和孩子一起看电影、帮家中的宠物清洗笼子，还是当个好老师主动解决学生的困惑。这些看似是琐事，但对于人生的幸福来说却是高价值工作。承担起自己的责任，有所“担当”，这样才能拥有幸福的人生。

通过完成高价值工作，我们打好从平庸到卓越的基础，对生命负起责任，“得志，泽加于民；不得志，修身见于世”，无论生命起伏，仍旧用愉快身心面对生活，获得幸福。

用印象笔记写晨间日记

我们的记忆是靠什么？靠事件。我们的生活是拿事件来做标志的。它们仿佛是路标，路标之间却是一片空白。

——格拉宁《奇特的一生》

十年前，我开始写晨间日记，是受到日本佐藤传先生《晨间日记的奇迹》的启发。佐藤先生使用Microsoft Excel写日记，我依样画葫芦也建立了自己的Excel日记模板。写了几年，Excel档案竟超过200MB，开启变得十分缓慢，后来非常遗憾的是，因为数据故障，有几年的日记竟然无法打开了。于是，我从

2013年开始改为使用印象笔记写日记。

对于想要开始写晨间日记的你，我建议不必拘泥于某种平台，纸质也好，表格也好，在线笔记也好，依据你的习惯和偏好选择一款即可，重点在于每天的记录和检视。

就我习惯使用的印象笔记，我发现用它写日记有以下四个优点：

一、分享容易：印象笔记的一页笔记，可以放入周检视或其他笔记中，并且可以以邮件形式分享给别人。不仅自己写得开心，也可以分享，让有兴趣写日记的人一起写。我就因写晨间日记结交了很多朋友。

二、图文并茂：印象笔记采取的富文本格式，让用户轻易插入表格、照片，字体及颜色也可以改变，整篇日记图文并茂，非常美观。

三、快速搜索：使用电子化日记的好处是搜索，我常常搜寻日期或人名等关键词，迅速找到当时事件的记录，和过去的记忆碰撞，常常带给自己和他人意外之喜。

四、云端储存：印象笔记有稳定、流畅的云存储服务，可以在多平台使用。

心灵 / 成功日记	人际 / 弱连接	人际 / 亲密关系 & 自我
1		
2		
3		
4		
5		
精力管理 / 食、动、静	年　月　日	财务管理 / 月现金流
	什么日	
	纪念日	
	诞生日	
	命运日	
	邂逅日	
心智锻炼 / 阅读、写作、写书	工作 / 新平台思考	写作结果记录

九个格子是你对自己工作与生活最重要的九个思考角度。对你来说最重要的九个面向是什么，就把它写在格子里。

或是记录和家人的互动，或是记载一段亲密关系，或是记下陪伴孩子走过低潮的过程及感受，抄录工作上的体悟，粘贴一段隽永的文字，插入自己手绘的图画。晨间日记默默承载工作与生活的吉光片羽，把生命摊平成一页页九宫格日记，梳理当时的心情，在隔天早上重温，我觉得，这是一种幸福。

每周检视晨间日记

每周五下午，我会再次打开晨间日记，把这一周发生的大小事情看个遍，看看七天来的生命流转。

有时候发现其中的许多体验应该更加深入探讨，那么我会增加一个下一步行动来让这件事更加完整。或许有时候发现对某些知识的理解还须加深，需要多阅读书籍，整合正确资讯，做批判性思考，这时我也会写下来需要补充哪些知识。

这就是写日记并加以检视的好处，有了记录，定期回顾，就可以找到可改进的漏洞。

检视的时间不用很长，只需要一二十分钟，快速看看这七天经历的一切，也会对未来一周要做的事情有比较具体的想法。每周检视的过程让我想到一首歌，歌名是《慈光歌》，作曲者是英国牧师约翰·戴克斯（John B.Dykes）。

恳求慈光导引脱离黑荫，导我前行。

——《慈光歌》

看着过往七天的日记，如同黑夜中亮起一盏明灯，和自己对话后，指引一条道路，导我前行。

每年检视晨间日记

每年到了年末时分，我会花几天时间阅读全年的日记和文章，把过去一年做的事情做一次总回顾，依据日期全部梳理一遍。

这是从管理学家彼得·德鲁克的文章中学到的。德鲁克提出从五个角度来检视自己：

1. 首先提出哪些事做得不错。
2. 指出表现未必很好，但已尽力去做的事。
3. 检讨不够努力的事。

4. 毫不留情地批判做得很糟或是根本没做到的事。

5. 最后两小时，规划未来 6 个月的工作，该专注做哪些事，该改善哪些事，该学些什么。

我自己稍微改良了一下，简化成三点检视自己的方法：

1. 一年一次，在年末时检视（通常是 12 月）。

2. 阅读自己晨间日记及所有文章，并把重要事件列在纸上或电脑里。

3. 阅读自己的记录，看看前一年的目标是否需要进行修订，写出新的年度计划。

从 2008 年到现在，我进行年度检视已经有八年之久，长期坚持这个习惯，人生会发生很大改变。例如，我从最初的自己了解时间管理工具及技巧，进化成可以教授他人。最初的两小时演讲，迭代出两天课程加百日训练营。我也建立了幸福行动家社群，结交各地好友，成为国际人。

而在这个过程中，和自己的家人、亲人、孩子，也有了更多的互动，生活品质也变得更好，这都是因为用晨间日记不断“检视自己”的结果。

一年一次的深度检视，仿佛在一条长路中，停下来歇歇脚。回看之前的轨道，依稀看出形成一条直线，再一转头，望向未来的目标，就知道如何修订生活与工作的角度，向目标继续前进，拥有一个值得拥有的人生。

本章练习

1. 选一个早晨自己可以接受的起床时间。

2. 选一件没有压力，但是可以让自己振奋精神的事，当成早晨起床的第一个动力。

3. 不急着行动，从晨间日记的每日检视开始。

4. 选一件对自己具有“高价值”的工作开始做，让自己在早晨就感受到强大回馈。

延伸阅读

《晨间日记的奇迹》作者：佐藤传

我最早开始写晨间日记就是受到这本书的启发。日本人写书总是很专注，一本书写清楚写透彻一件事。对于想深入研究晨间日记的，我推荐先读这本。

第二十章

每周检视：提升时间管理高度

永远努力在你的生活之上保留一片天空。

—— 普鲁斯特（Proust）

2008 年，我到美国参加戴维 · 埃伦的课程，课堂上听到他一再强调每周检视的重要性。从此，我再也没有放下这个习惯。

每周检视的一小时，是一周 168 小时中最珍贵的一小时。这一小时让我得以从高空俯瞰生活的全局，这样充分地检视后，我的头脑才能获得真正的宁静。

落实第三个习惯“每日重开机”，每周检视不可或缺，坚持做会给你带来以下益处：

处理大量琐事，而不身困其中。

整合各种时间管理工具，组成 STAR 系统，成为推动任务后盾。

明确长期目标，每周不断检视并推进。

拥有清晰的大脑，面对突发状况时，做出最好的应变。

清空收件夹与晨间日记

每周检视，首先要把一周以来的杂事和日记都整理一下。

即时通信：如前面所说，将即时通信工具清空，将重要信息加工成行动。

邮件：虽然每日清空收件夹，但是有时候非常忙碌，有所遗漏，就可以利用这段时间把收件夹清空。

笔记：本周与客户访谈，读书心得，自己的记录，等等。其中有哪些笔记需要加工成行动的，在此时都应快速浏览，加工成行动。

最后，阅读本周晨间日记，把七天做事的成果检视一遍。

检视时，可以在手边准备好笔记本，以便随手记录灵感。我会把检视后需要记录的事情写在本子的左页，在右页写上未来要做的事情。包括上周任务推动的情况，将杂事加工成行动及把检视日记时产生的想法加工成行动。

我的清单大部分是电子化的，但在做检视时会使用纸笔，这样涂涂画画，更能专注在检视上，速度也可以提高。

更新 STAR 系统

把信息更新到最新的状况，步骤依照 STAR 的次序进行。

日程表 Schedule：回顾上周的日程表，虽然已经看过晨间日记，但还有些行程通过日程表才能回想起来。接着浏览未来一两周的日程表，可以从每个重要时间点倒推。浏览日程表是为了给即将发生的日程和约会做好安排和准备。

任务清单 Task：检查任务清单，看上周推进了哪些任务，推进的状况如何。有需要的时候，也可以打开协同软件看看推动有无需要注意的事项。

行动清单 Action：检查行动清单，将完成的行动打钩。每天工作，没有时间好好思考哪一件行动应该如何处理，这时间正好可以做这件事。

另外，也可以看看授权他人清单，看是否需要采取行动，督促伙伴动作加速。

参考资料库 Reference：检查任务参考资料，如果对某个任务不放心，可以详细查看这个任务的参考资料。但我通常在检视时不看参考资料，只在需要时才使用它，这样可以减少检视所花时间。

由高空纵览全局

每周有一次从更高的视野检视，才能确保短期任务和长期目标的一致性。刚开始建立每周检视习惯，重要的是清空收件夹。经过一段时间（半年或更久），专注点就转移到任务清单的更新上。再经过一阵子，目标及愿景和任务的匹配则变得最为重要。这就是从更高的高度检视，把视野从蚂蚁的层次向飞鸟的层次提升。

从更高的高度检视，要做到两件事：

首先，检视年度目标及愿景图，每周检视时正好可以检视自己是否往既定方向前进。有需要时，就加入一个新的任务，确保每周都朝自己的年度目标前进。

其次，检视“Someday/Maybe”清单。行动清单中，我有份“某一天要做”的次级目录清单，记录某些自己梦想的事情。

例如写一首歌、开始学做饭、画一本绘本、带儿子去坐青藏铁路、改善某段人际关系，等等。每周检视时看一下，或许删除一些，或许增加一些，说不定某些梦想可以在下周就付诸行动。

2017

来看看永锡老师的五年愿景。左下角，永锡老师想做白鹤拳老师，想画一本时间管理绘本；右下角，和太太的感情；左上角，幸福行动家是一片森林，有没有照

顾好大家，和大家做好互动；右上角，在台湾和内地的事业版图，有没有做好平衡，联络好事业伙伴们。我会把五年愿景作为手机和电脑的桌面，每天都看到。

根据五年计划检视近期的任务是否在向这个目标前进，自己花了多少时间在这些方向上，并思考下一步行动，将行动列入清单。

每年有52次机会检视自己，才能拥有真正幸福的人生。

——松村宁雄

如果你已经下定决心做好每周检视，可以按照如下流程进行：

先清空收件夹

检视晨间日记

本下周日程表

思考下周任务

检视年度计划

每次检视在 1.5 ~ 2 小时以内。我通常在书房进行检视，有时候想转换心情，就会找一个喜欢的咖啡馆。我经常出差，也常利用在飞机、高铁上的时间做检视。但我建议大家在学习初期用固定时间进行，以保证养成习惯，一般在周五下午或周末。

时间管理不是一门知识，而是一门知行合一的学问，一个自我管理的人没有一天从时间管理中停下来。认真做事情，用心过生活，这种不间断检视的功夫，不也和《大学》中的“苟日新、日日新、又日新”不谋而合吗？看来古人和今人都是在做好自我管理，只是情境和使用工具不同罢了。

本章练习

1. 设定每周某一固定时段进行每周检视。
2. 练习快速完成检视。
3. 每周检视的目的先从找到下周目标开始。
4. 执行几次后，在每周检视中找到未来计划。

第二十一章

总结：穿越生命幽谷

只有被火烧过，才能出现凤凰。

——五月天《倔强》

2014 年到 2015 年之间，我撑过了人生中的第四次抑郁症。

这次走出来，对我的生命、家人、专业都有很大的影响。感谢三家企业在我初返职场时就给予信任和协助，也让我由公开班走到了协助企业做好时间管理的区块。每一次打击，都是为了让我们更加坚强，就算面临挑战，再站起来，也能够站得笔直。

我觉得人生和冲浪有点像，我们之所以会陷入低谷是因为我们总在挑战更大的浪，譬如大学毕业、结婚、更换新的行业、渴求更好的业绩，等等。当我们面对更大的浪时，可能攀到更高峰，也可能暂时被冲垮。虽然被大浪灭顶，但人有求生的本能，终归还会浮起来，浮起来的时候可能会被水流推到一个意想不到的地方。

所以，正如本部分开头所说，第三个习惯“每日重开机”，不只是对自己的时间管理系统重开机，也是对自己的人生重开机。

本部分总结

每日重开机

要想做好时间管理，除了不停地推动项目，还要懂得重开机系统，通过检视升级 STAR 系统。

STAR 神盾系统

通过检视使 STAR 系统减少破绽，同时让 STAR 系统中的每一部分形成闭环。

参考资料库

建立参考资料库的方法，五大要素：硬件设备、电子工作中枢、统一参考资料模式、储存方式、团队协作模式以及我的软件推荐。

晨间日记和晨间仪式

这十年来写晨间日记，觉得所有时间管理理论、工具都是美丽的珍珠，而串起所有美丽珍珠的工具就是做好检视工作。每日写日记，就可以检视一日；隔七天阅读日记，正好做每周检视；每年年底阅读日记，正好为下一年前进做准备。

晨间日记就是一个记录工作和生活历程的资料库，可以快速查询自己生命各领域的记录，从过去到现在的积累随时可以查看。而晨间仪式帮助我更容易进入心流状态之中。

每周检视

把每周检视分为三个部分，分享检视的实务经验，进而协助团队建构每周检视文化。

一首幸福行动家的小诗，很多幸福行动家都告诉我，他们读这首诗时流泪了。

> 幸福，行动，
> 我们自称为幸福行动家，
> 我们坚持信念及价值观，
> 走过生命幽谷，
> 走过没有地图的路径，
> 我们是一棵自己走路的树，
> 一片森林。

因为他们经历过或正在经历生命幽谷，没有地图的路径，但是他们就像一棵自己走路的树，仍然寻找着方向。累了就停下来歇歇脚，休息好了继续旅程。

当我们穿越生命幽谷的时候，让我们继续前进的，是希望和相信，也是生活中曾经的点点滴滴。

这也是坚持检视、坚持写晨间日记的意义，通过记录，你好像在和过去的自己对话："喂，你好。你还记得自己的初心吗？你走在通往想去方向的路上吗？你照顾好自己了吗？"

晨间日记里张贴的重要时刻照片、自己当年在日记里写下的心灵成就、行动提示里打怪升级的里程碑，这些琐碎组成生命中点滴的火光，是这些火光使你走出黑暗，是这些火光使你成为幸福的人。

本章练习

1. 养成写晨间日记的习惯。
2. 建立自己的晨间仪式，从早上就进入心流体验。
3. 仔细检查自己的 STAR 系统。
4. 确实执行每周检视，时时让自己的工作与人生重开机。
5. 别灰心，人生永远都有从低谷重新起飞的机会。

后记

成为“半人马”

林子里有两条路，我选择了行人稀少的那一条，它改变了我的一生。

——罗伯特·弗罗斯特《未选择的路》

希腊神话中有一位“半人马”喀戎，他是人与云的后代，有着人的上半身和马的躯干四肢。这位半人马是一位富有智慧的英雄，同时也是传说中的很多英雄的导师。

我用半人马来形容拥有良好时间管理习惯的人。马代表工具，而人代表清晰的头脑，“捅人利器”和STAR盾牌是他们手中的武器，同时他们也善于使用云（云端和互联网）。这样的人就是热兵器时代的英雄。

而企业若能够培养出一匹匹半人马，在协作时，便能组成半人马军团，成为企业的核心枢纽，高效处理困难任务，流程行云流水，企业战斗力提升。

现在，我们所面对的竞争，不是来自其他人的竞争，而是来自人工智能的竞争。企业所面对的挑战，不是来自其他企业的挑战，而是来自系统的挑战。职场人如果不精通工具和互联网，就像在现代社会茹毛饮血。

经过了 21 天的训练，我们提升了吃青蛙、清空收件夹和检视的能力。当这三个部分拼图完整地契合在一起，就形成了一个生态系统。

青蛙能力，能处理每日大小事务，兵来将挡，水来土掩，就算是复杂艰巨的任务，只要拥有一颗静如止水的心，就能从容面对挑战。

半人马能力，工具让我们跑得更快，到达更远的地方，这些工具就是马，但是要搭配人的头脑才能产生力量。半人马的能力能够推动专案，向目标一步步推进。

最后是树，青蛙及半人马辛勤的努力，换来的是树的成长。青蛙所在池塘静谧的水也滋养着树。树是我们的生命之树，体现在身心能力的提升。自身修为根深叶茂，和周围的树形成紧密相连的森林，这是一种不假外求、稳定恒常的快乐。

恭喜大家，终于完成 21 天的练习。

接下来，你必须从阅读者变成实践者，时间管理是一种需要知行合一的能力，一方面要阅读前人的经验，学习以前不熟悉或不知道的概念，另一方面则要实践，并且内化为习惯。

我不得不向你坦诚，时间管理是一门慢功夫。本书尽可能以最浅显的方式，构造最简化的系统，上手就可以感受到效果，但是想把日闭环和周闭环自如地跑起来，基本上要两年的时间。也就是不断重复这 21 天的练习，持续下去，直到养成习惯。

用“青蛙、半人马、树”的成长模式，构成没有遗憾的人生。这是我的追求，也是对本书读者的期许。

最后，我要感谢历届幸福行动家的主办人、义工、社群成员。因为有他们，这本书才能顺利诞生。

图书在版编目（CIP）数据

每天最重要的3件事 / 张永锡，李瑞文著 . —北京：文化发展出版社有限公司，2017.5

ISBN 978-7-5142-1787-2

Ⅰ . ①每… Ⅱ . ①张… ②李… Ⅲ . ①习惯性—能力培养—通俗读物 Ⅳ . ① B842.6-49

中国版本图书馆 CIP 数据核字（2017）第 097328 号

版权登记号：01-2017-4519

每天最重要的3件事

作者：张永锡　李瑞文

责任编辑：肖润征
特约监制：战　铁
特约编辑：张　艳
出版发行：文化发展出版社有限公司
网　　址：www.wenhuafazhan.com
经　　销：各地新华书店
印　　刷：北京盛通印刷股份有限公司

开　　本：880mm × 1230mm 1/32
字　　数：120 千字
印　　张：7.75
版　　次：2017 年 8 月第 1 版　2017 年 8 月第 1 次印刷
定　　价：42.00 元
I S B N：978-7-5142-1787-2